Space and chinese furnishings

来自传统文化的礼物

中国未来设计的趋势

Content

目 录

作者

鲁颖

故宫博物院书画部副研究馆员。2006 年毕业于中国人民大学，获历史学硕士学位，同年进入故宫博物院图书馆工作，2013 年调入故宫博物院书画部。主要研究方向为历史文献学与中国古代书画。曾参与"文渊阁原状陈列""心清闻妙香——清宫善本写经展"等展览的展陈工作。出版论著《故宫博物院藏四僧书画全集·弘仁卷》等。

肖伊绯

四川成都人，70 后；独立学者、自由撰稿人。曾游学法国、印度等地，长期从事人文领域多学科互动研究，致力于思想史、古典美学、宗教文化等多个专题的写作。已出版《听园》《民国斯文》《左右手》《中国哲学史大纲》《1939 最后的乡愁》《民国学者与故宫》等专著、编著 20 余部。

刘畅

清华大学建筑学院建筑历史与文物保护研究所副所长，美国世界建筑文物保护基金会中国事务代表。2002 年至今，于清华大学建筑学院执教，担任副教授；2012 年至今，担任美国纽约哥伦比亚大学建筑、规划与保护研究生院兼职副教授；并具有在 1992 年至 1998 年于故宫博物院古建部工作的经验。

李思楚

1988 年生，河北省石家庄市人，北京师范大学历史学硕士毕业，现为清华大学在读博士，主要研究方向是中国经济史、中国近代史等。

张淑娴

毕业于南开大学历史系，博士学位。1995 年进入故宫博物院古建部工作至今，现为故宫博物院研究馆员，从事明清皇宫建筑历史与艺术的研究工作。先后参与了故宫大修、建福宫复建、宁寿宫花园以及倦勤斋保护利用等项目中的档案收集和整理工作。经过多年的工作积累和学术探索，利用紫禁城建筑室内装饰保存较为完整、档案资料较为丰富之有利条件，逐渐将研究重点定于明清皇宫室内装饰，对清代皇宫室内装饰进行较为系统、细致的研究。关注重点包括宫廷室内装饰的历史、设计、制作以及工艺和艺术特点等。

王子林

1989 年大学毕业，同年入故宫博物院工作至今，从事宫廷原状与陈设的研究，主持宫廷原状恢复，曾出版和发表有关宫廷原状方面的著作多部，论文多篇，现为宫廷部副主任，研究馆员，故宫宫廷原状研究所所长。

李珂

中央美术学院建筑学院硕士。现为北京凯泰达国际建筑设计咨询有限公司设计总监，中国室内装饰协会设计专业委员会委员。曾获得 2015 年香港亚太区室内设计大赛卓越奖；入选 2016 年中国室内设计新势力榜全国榜单。

张启瑞

晋源古韵董事长及技术总监。晋源古韵是一所集设计、研发、制作为一体的传统红木家具公司，在研制上主要以明清古典家具为典范，力图把每件家具做成精品、艺术品、收藏品。

孙刚辉

字子卿，斋号蘦堂。毕业于河南师范大学，文学学士。潜心宋元绘画十五年，兼精篆刻。曾受邀在吉隆坡举办个展。现任职于故宫出版社。

周项立

北京圣彩虹文化艺术发展股份有限公司创始人、董事长，技术专家。他是中国古画多色印刷工艺技术最后一批传承人、国家级电子分色技师、北京市首届职工技能大赛操作及全能双项冠军；公司五项专利技术发明人，数字式高仿真复制技术的发明人；2009 年，他获中国印刷业最高奖"毕昇印刷技术杰出成就奖"。曾被央视《国宝档案》、北京电视台《文化京津冀》等节目报道。

王东宁

"宁之境"照明"优雅士"照明创始人兼首席设计总监；IALD（国际照明设计师协会）职业会员；现任中国建筑文化研究会照明艺术专业委员会主任，中艺建筑设计研究院副院长兼灯光照明研究中心主任。自 1998 年起专业从事照明设计工作，曾多次与国内外建筑大师、设计院、知名设计师及艺术家合作。

郭嘉铭

高级工程师。曾就职于多家大型建筑施工单位；致力于新型建筑体系与新型建筑装饰材料的研究、开发。曾被多家新闻媒体宣传报道。

张启

1978 年出生于中国重庆。北京师范大学艺术与传媒学院毕业。曾为记者，供职于中央电视台，后服务于美国传媒集团 IPG。2010 年创办 TANI 毯言织造（中国）公司，负责产品设计及中国市场的全面推广。毯言织造旨在推动传统地毯编织技艺的传承以及改善，并对中国地毯手工业者的工作与生活环境产生帮助。

插画师

阿 乐

故宫博物院一名普通员工。平日里喜欢画画儿、观察小动物与植物。性格与犬科动物接近：友善热情、对自己喜欢的事元气满满。最喜欢的动物是考拉、海豚、大象和狗，但是在野外写生时却很受猫与黄鼠狼的青睐。人生理想是去坦桑尼亚看动物大迁徙。

赵广超工作室

设计及文化研究工作室由赵广超先生于 2001 年成立，致力研究和推广传统以及当代艺术和设计文化，推动公众对中国艺术及设计文化的认知和兴趣。研究及工作范围从书籍出版延伸至数码媒体、展览、教育项目等不同形式，并积极推动公众对中国艺术及设计的兴趣和认识。

多尔衮

多尔衮，汉名刘缥也涵，1986 年生于伊通满族自治县，满洲族正白旗人，中国美术家协会会员。2012 年毕业于中央央美术学院，获学士学位。2017 年毕业于中央美术学院，获硕士学位，导师胡伟先生。曾入选"第五届全国青年美术作品展"、央美第二届"门里门外"展等。

摄影师

任 超

文物摄影师。

夏 至

职业建筑摄影人。2010 年起从事摄影工作，致力于建筑、空间、艺术与设计等相关领域的摄影创作。2014 年起开始拍摄建筑、空间及展览视频。拍摄过的展览包括：威尼斯双年展回应展、北京国际设计周、四方美术馆开幕展、《感觉即真实》马岩松个展、《山水城市》马岩松个展、2013 港深建筑双年展，哥大 X–Agenda 系列微展等。拍摄纪录片包括：树美术馆（戴璞）、《山水城市》（马岩松）、歌华营地后续使用记录等。

穆 泉

北京上尚空间设计有限公司资深合伙人、艺术总监、设计师，自由摄影师。知著识广，喜古物，善于从历史痕迹中发现灵感，乐于通过镜头去品读并展现历经岁月沉淀的建筑与物品。在与文化同行之路上，孜孜以求，勤而不倦。

陈 硕

北京人，毕业于北京电影学院图片摄影专业。现任中国广电摄影家协会会员，中国艺术摄影协会会员，中国民俗摄影协会会员，北京文化摄影协会会员，野生救援组织志愿者。

艺术家

徐 累

工作于中国艺术研究院；北京今日美术馆艺术总监；他的绘画实践侧重于一种图像和形式的趣味层次的形式，在艺术方法上重新复活了灵知主义传统，使其在图像本体上真正开辟了现代转变的途径和可能性。这种以新观念解释传统美学的做法，具有承前启后的意义。

金运昌

中国书法家协会理事、中国书法家协会鉴定评估委员会委员、中国收藏家协会咨询鉴定专家委员会委员等职。

曾小俊

当代艺术家、学者、收藏家，精鉴古典家具，善藏赏石清玩、文房诸器，借笔下树石表达情感。

刘 丹

当代画家，石头是他着墨最多的对象。他认为石头是山水的"干细胞"，是无数可能性的出发点，也是中国人时空观的基础。

（以在书中出现的先后顺序排列）

文渊阁

没有尘世的嘈杂
静候第一场冬雪的降临
邺架巍巍
多少智慧掩埋于千卷书匣
残灯古香
寄托重堂高阁最荣耀的过往
穷尽经史，发天地经纬之藏
俯仰古今，期日就月将之益
翰墨之香经久不散
四壁图书明鉴今古

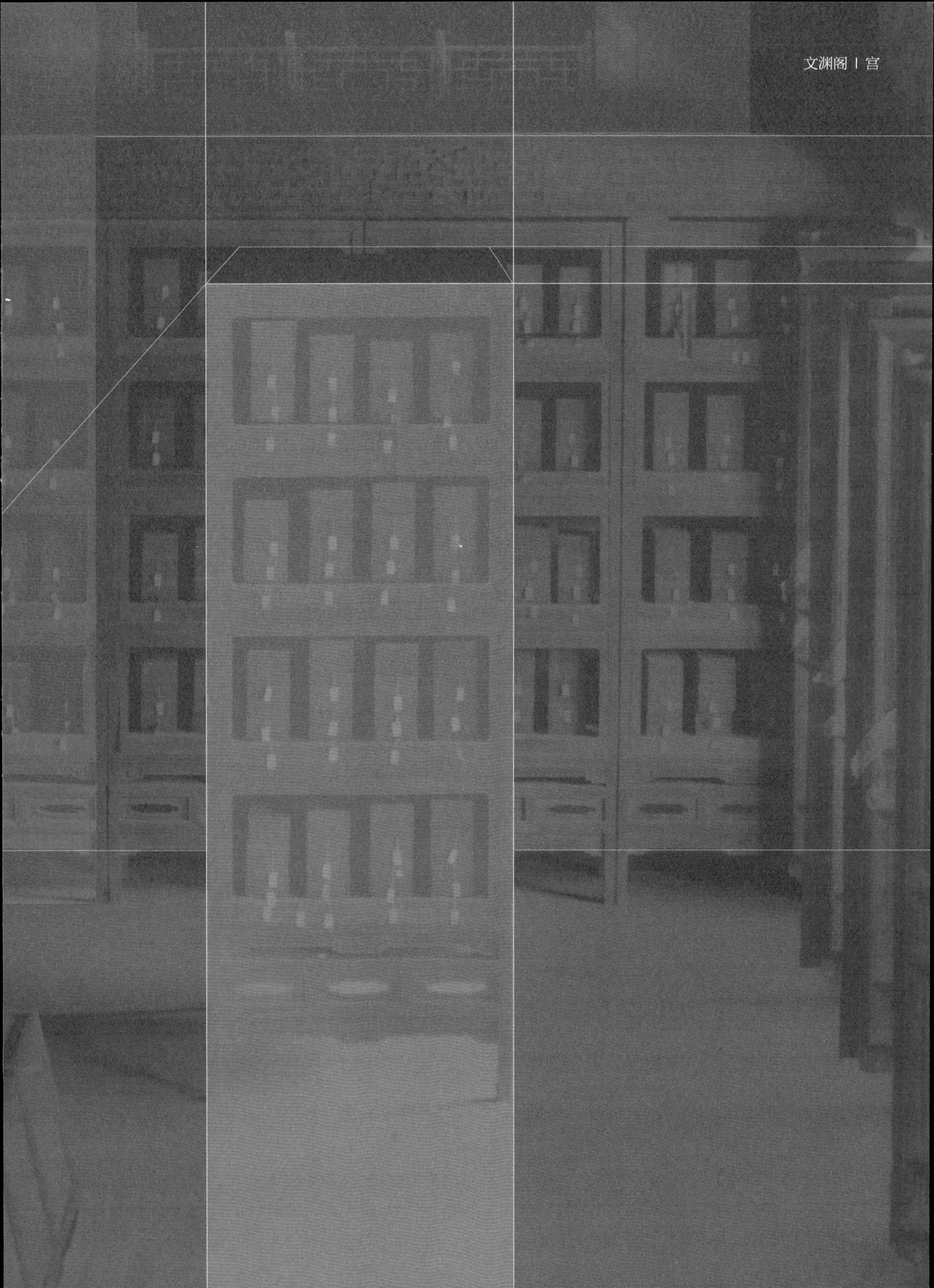

宫中藏书室

懋勤殿

政教合一的书房

明嘉靖十四年（1535）建于乾清宫西庑，与东庑端凝殿相对之3间，额曰"懋勤"，取"懋学勤政"之义。藏贮图书史籍。清沿明旧，凡图书翰墨之具皆贮于此，并为懋勤殿翰林侍值处。悬有乾隆御笔"基命宥密"，康熙皇帝冲龄时曾在此读书；每岁秋谳，刑科覆奏本上，皇帝御殿亲阅档册，亲自勾诀，内阁大学士、学士及刑部堂官皆面承谕旨于此。现建筑完好，室内原状无存。

1. 懋勤殿

2. 青田石夔纹平台组"懋勤殿"长方印

1.

2.

昭仁殿

清代最早的以藏书为主的书房

天禄琳琅

乾清宫小东殿，南向3间，明代建。明崇祯帝自缢前，在此砍杀其女昭仁公主。清嘉庆二年（1797）毁于火，次年重建，单檐歇山式顶，上覆黄琉璃瓦。明间辟门，两次间槛窗，内原藏内庭善本秘籍《天禄琳琅》，室内挂有乾隆御笔"天禄琳琅"匾。殿前接抱厦3间，后接室内3间，西室匾曰"慎俭德"，再西有匾曰"五经萃室"，均为藏书之处。殿前明代为斜廊通乾清宫及东庑，清代改廊为砖墙，自成一院，有小门以通内外。东为龙光门，可直通东一长街。此组建筑至今保存完好。

乾隆十年，乾隆帝命词臣将宫内所藏之善本书订正改撤，考订新增，整理出"以经、史、子、集为纲，以宋、金、元、明刊版朝代为序"的书籍。约420余部，存列于昭仁殿，命名为"天禄琳琅"。

1. 昭仁殿天禄琳琅

2. 玉交龙纽"昭仁殿"印

3. 乾清宫昭仁殿正侧立面图

1

2

3

四壁图书饶古色——文渊阁的艺术风格

文／鲁颖　摄影／任超

乾隆一代，国泰民安，宫廷内兴建频繁。文渊阁修建于乾隆四十年（1776），是为了存放第一份告成的《四库全书》。文渊阁之名源于明代，而阁之形又仿江南著名藏书楼天一阁，文渊阁从定名选址，再到修建理念、布局陈设等皆与乾隆皇帝息息相关。其精妙的建筑构思，与众不同的艺术风格，是乾隆皇帝艺术品位的体现，也是官方藏书楼的典范之作。文渊阁落成后不仅存放《四库全书》，《四库全书》告成典礼及每年春秋的经筵赐茶也举行于此。可以说文渊阁的修建，加强了文华殿区域文化功能，体现了乾隆皇帝对于文化大一统的重视。

景阳宫

东西六宫中唯一的书房

景阳宫后殿学诗堂为宫内第二所以藏书为主的书房。

内廷东六宫之一。建于明永乐十八年（1420），初曰长阳宫。明嘉靖十四年（1535）更今名。清沿明旧。于康熙二十五年（1686）重修。宫为两进院。正殿3间，前有月台，黄琉璃瓦庑式顶，制式与东六宫其他五宫不同。明间开门，次间、梢间为玻璃窗。东西配殿各3间，明间开门。后殿曰御书房，东西亦有配殿，各3间，明间开门，黄琉璃瓦硬山式顶。后殿前西南有井亭1座。此宫保持明初始建筑格局。明代为妃嫔所居。清代辟为收贮图书之处。现建筑完好。

景阳宫外景 20世纪初

御书房

即景阳宫后殿，面阔5间，黄琉璃瓦歇山式顶。明间开门，次间、梢间为槛墙、槛窗。清乾隆年间因藏宋高宗所书毛诗及马和之所绘图卷于此，乾隆御题额曰："学诗堂"。东六宫、西六宫年节张挂的《宫训图》原收藏于此。现建筑完好。

乾隆二十四年的《国朝宫史》中就已表明此处其书房之功能，后殿中无匾，联为"古香披拂图书润，元气冲融物象和"。

青玉交龙纽
"学诗堂"章

文渊阁

官方藏书楼的典范

位于文化殿后明圣济殿旧址上，清乾隆三十九年（1774）建，四十一年（1776）建成，为贮藏《四库全书》之所。阁制仿浙江鄞县范氏天一阁，前方水池，引内金水河之水，池上架一石桥，池之周围一白石栏板，阁后环绕叠石假山，势如屏障，山后垣墙辟门，以通内外……隔扇、槛窗为黑色，柱为绿色，苏式彩画以白色居多，外观色彩以冷色为主，与宫内其他建筑色彩相异。建筑至今保存完好。

《文渊阁记》碑亭

文渊阁东侧，方亭，黄琉璃瓦盝形顶，建于乾隆三十九年（1774）。亭内有高大石碑1通，镌刻有乾隆皇帝撰写的《文渊阁记》，背面刻有文渊阁赐筵御制诗。现建筑完好。

1. 文渊阁外景
2. 青玉文渊阁记册

摛藻堂与养性斋

《四库全书》的阅览室

摛藻堂位于御花园内堆秀山东侧，依墙面南，黄琉璃瓦硬山式顶，面阔5间，前出廊，西连耳房1间。明间开门，灯笼框菱花隔扇门4扇，次间、梢间灯笼框支窗。堂内置书架，为宫中藏书之所，清乾隆四十四年（1779）后曾贮《四库全书荟要》于此。堂西北侧辟小门，通西耳房。现建筑完好。

养性斋所藏书籍与他处略有不同，乃是为修《四库全书》而特设的流动性图书："丙申以后所获之书，别弄于御花园之养性斋，以待续人。"

御花园摛藻堂正立面图

宛委别藏

《四库全书》之补

即毓庆宫后殿西次室，为毓庆宫内藏书室。嘉庆间阮元做浙江巡抚时进《四库全书》未收之书百种，贮藏于此室，帝赐"宛委别藏"。

毓庆宫书目"宛委别藏"部分

宫中私塾与值房

在宫中，被称为「书房」之处主要有两种，一是皇帝拜师行礼、开始读书的场所，二是词臣入值之处。

清宫早期书房

御前讲席

弘德殿

弘德殿是康熙皇帝受业的书房，左右列图书，南向设御座，北向设讲官席。康熙朝后期弘德殿不再是皇帝受业的书房，至晚清同治时这一功能才再度发挥。翁同龢在追忆其父翁心存于弘德殿授同治帝读书时就明确地称："同治时始于书房设宝座一，南向，方桌旁设授书者座一。"

保和殿

顺治皇帝在弘德殿行了祭先师孔子之礼，于保和殿开经筵讲。

文华殿

文华殿自康熙朝成为皇帝举经筵处，至道光朝一直在发挥此作用，而且不仅皇帝，连同皇子也要随侍听讲，"命皇子等及皇次孙于是日亦从至文华殿听讲"，"嘉庆二十五年仲春经筵奉旨：予同醇亲王、瑞亲王诣传心殿分献，文华殿听讲。"

北京故宫文华殿透视图

上书房与毓庆宫

皇家私塾

上书房

上书房，清康熙三十二年（1693）始称，原址在南薰殿、兆祥所等处。雍正初年设于乾清门内侧围房，北向，5间，为皇子、皇孙读书处。上书房阶下，为皇子、王子习射之处。道光、咸丰两朝大行皇帝崩，亦以此为苫次守丧之所。房内书斋挂有雍正御笔联："立身以至诚为本，读书以明理为先。"原状无存。

上书房外景

兆祥所

兆祥所，位于紫禁城内东北隅，宁寿宫北宫墙之外，清初建，灰瓦顶，房数间，初为太子居所，后兼做遇喜处，设首领、太监等，专司洒扫、洁净地面等事。现建筑完好。

兆祥所 阿乐绘

毓庆宫

毓庆宫，清代皇太子宫，专门用于培养皇子，供皇子生活起居，读书学习。位于内庭东路奉先殿与斋宫之间。始建于康熙十八年（1679），乾隆五十九年（1794）添建并重修，嘉庆六年（1801）继添建。宫南北进深四进院……毓庆宫原是清康熙年为皇太子特建。雍正年间乾隆帝12岁入居此宫，17岁迁居乾西二所。嘉庆、光绪两帝曾在此居住。同治、光绪两朝，此宫均曾为皇帝读书处。

（引自《故宫辞典》，故宫出版社，2016年）

文渊阁一层稍间书架

文渊阁外景

文渊阁一层匾额

文渊阁的名称与阁址的选定

明代文渊阁建置沿革

清代文渊阁沿用明代旧名而非旧址。文渊阁之名始于明代，其阁亦始建于明代，"系中秘藏书之所"①，最初由秘书监掌管，这也是因袭了元朝制度。明洪武年间御敕编定的《洪武京城图志》明确记载当时宫中有文渊阁。另外，《宣庙御制文渊阁铭序》云："我太祖始创宫殿于南京，即于奉天门之东建文渊阁，尽贮古今载籍。"②明成祖迁都北京后，仿南京已有规制营建北京宫殿，宫中的文渊阁随之建成，其在宫中的位置与南京相同，在左顺门外的东南角。明宣宗称："太宗皇帝肇建北京，亦开阁于东庑之南，为屋凡若干楹，高亢明爽，清严邃密，仍榜曰文渊。"明沈叔埏在《文渊阁表记》中也说："洪武时，阁在奉天门之东。成祖北迁，营阁于左顺门东南，仍位于宫城巽隅，遵旧制也。"《钦定日下旧闻考》称："明代置文渊阁，其地在内阁之东，规制庳陋。"③文渊阁在明代不仅承载着藏书之功能，而且还是阁臣入直办事之所，伴随着内阁权力的不断增加，文渊阁的地位不断提高，逐渐成为秘阁禁地，在嘉靖年间进行了扩建。《春明梦余录》载："初制规模甚狭。嘉靖十六年（1537）命工相度，以阁中一间奉孔子四配像，旁四间各相间隔，开户于南，以为阁臣办事之所。阁东浩敕房，装为小楼，以贮书籍。阁西制敕房南面隙地添造卷篷三间，以处各官书办，而阁制始备。"④可惜，南京和北京的文渊阁均毁于火灾，所藏之书，几为灰烬。以上均为文献所载，曾经有人对明代文渊阁是否建阁提出异议。1958 年，故宫博物院在维修銮仪式卫库房时，发现明代古今通集库石碑，古今通集库是文渊阁库房的一区，地点与文献所记吻合，可以证明明代北京紫禁城内文渊阁的存在 。⑤

文渊阁位置图

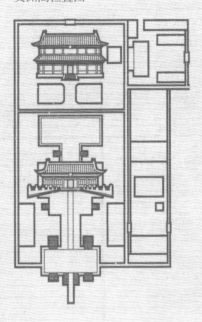

清代选址重建

清承明制，清代也设三殿三阁大学士，但是其中的文渊阁却始终有其名而无其实，所谓“本朝定制，以文渊阁为大学士兼衔，第仍其名而未议建设之地”。乾隆皇帝拟在内廷存放第一份告成的四库全书，沿袭明代文渊阁的旧名，认为“内阁大学士之兼殿阁衔者尚存其名，兹以贮书所为，名实适相副。”⑥且“文渊”之名，乾隆皇帝阐发道“盖渊即源也，有源必有流，支派于是乎分焉。欲从支派偱流以溯其源，必先乎知其津。弗知津，则蹑迷途而失正路，断港之讥，有弗免矣。”为其赋予了更深层次的文化含义，在此基础上，乾隆皇帝又以水立义，亲自拟定了文源、文津、文溯北方另三阁的名称。

在地点的选择上，乾隆皇帝在《文渊阁记》中称：“凡事豫则立，书之成，虽尚需时日，而贮书之所，则不可不宿构。”此时宫内的藏书地有昭仁殿、懋勤殿、毓庆宫等，除了昭仁殿专藏宋、元、明善本外，其余都是零散聚集，宫中并无专门的藏书楼。乾隆皇帝对这部“浩如烟海，委若邱山”的皇皇巨著的贮藏极为上心，宫中现有的建筑不能满足《四库全书》的存放，需要另辟新处。

文华殿在明代原为太子宫，因此又称东宫，嘉靖十五年（1536）进行了改建，易绿瓦为黄瓦，改为斋宫和经筵召对之所，李自成攻入紫禁城后，文华殿区建筑大都被毁。康熙二十二年（1683）重建，文华殿区域的主敬殿后为明圣济殿（祀先医之所）旧址。乾隆皇帝将贮藏四库全书之所选址于此，是为了加强文华殿区域的文化功能，与西面修书刻书处武英殿遥相对应，在外朝东西形成国力强盛、盛世文治之景象。此外，“诏营文渊阁于文华殿之北，乃撤北墙及平房，不足，更益以马厩之一部，故其外廓成长方形，视武英一区，进深尤巨，自是以后，中秘藏书，庋于经筵之后，在事务上，实较明文渊阁通集库远居宫城东南者，更臻便利，不能不谓为清代改进之一端也。”⑦但是清代的文渊阁只保留了学术功能，完全没有明代的政治功能。

①（清）孙承泽：《古香斋赏袖珍春明梦余录》卷十二，第153页，北京古籍出版社，1992年。

②（明）黄瑜：《双槐岁钞》卷四，第53页，中华书局，1985年。

③（清）于敏中等编纂：《钦定日下旧闻考》卷十二《国朝宫室》，第165页，北京古籍出版社，1983年5月。

④（清）孙承泽：《古香斋赏袖珍春明梦余录》卷二十三，第326页。

⑤单士元：《文渊阁》，《故宫博物院院刊》，1979年第2期。

⑥（清）弘历：《御制文渊阁记》，《清高宗御制文》二集，卷十三，《故宫珍本丛刊》第570册，第17页，海南出版社，2000年。

⑦梁思成、刘敦桢：《清文渊阁实测图说》，《文渊阁藏书全景》，北平营造学社影印本，1936年。

陆锡熊楷书御制文渊阁记册

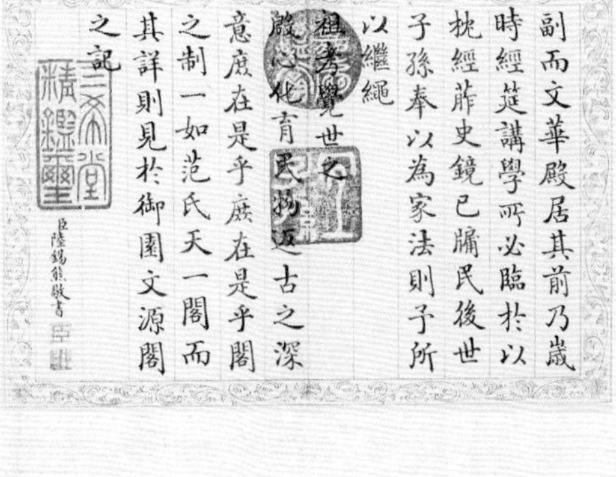
副而文華殿居其前乃歲
時經筵講學所必臨於以
挾經葄史鏡已牖民後世
子孫奉以為家法則予所
以繼繩
祖考覺世之
殷心化育民物返古之深
意庶在是乎庶在是乎閣
之制一如范氏天一閣而
其詳則見於御園文源閣
之記
臣陸錫熊敬書

文渊阁 引自《紫禁城 100》

文渊阁的修建理念

"天一生水" 颇得帝心

　　文渊阁的修建以江南著名的藏书楼——天一阁为模本。天一阁肇始于明嘉靖四十年（1561），由当时的兵部右侍郎范钦主持建造，到乾隆三十八年（1773）皇帝下诏开设"四库全书馆"时，已有二百余年历史。其被清廷所关注，是在乾隆皇帝下诏访书之时，乾隆三十八年三月十九日上谕："闻东南从前藏书最富之家，如昆山徐氏之传是楼，常熟钱氏之述古堂，嘉兴项氏之天籁阁，朱氏之曝书亭，杭州赵氏之小山堂，宁波范氏之天一阁，皆著名者。"① 由于天一阁在应诏献书时积极响应，所献书量多质精，被赐予《古今图书集成》一部，且更因为其藏书之法甚精，藏书留存久远等因素，在众多藏书楼中，使乾隆皇帝青睐有加，由衷推举。

　　《清高宗实录》曾载乾隆三十九年六月二十五日乙未勘察天一阁上谕，末附寅著覆奏概略，其文如下：

① 《清高宗纯皇帝实录》卷九二九，乾隆三十八年三月下，《清实录》第 20 册，第 500 页，中华书局，1986 年 5 月。

② 《清高宗纯皇帝实录》，卷九六一，乾隆三十九年六月下，《清实录》第 20 册，第 1030-1031 页。

③ （清）全祖望：《天一阁碑目记》，《鲒埼亭集外编》卷十七，《续修四库全书》，第 1429 册，第 621 页上海古籍出版社，2003 年。

④ 《高宗御制诗五集》卷四十《趣亭》曰："书楼四库法天一"，句下注云："浙江鄞县范氏藏书之所，名'天一阁'，阁凡六楹，盖义取'天一生水，地六成之'为厌胜之术，意在藏书。其式可法，是以创建渊、源、津、溯四阁，悉仿其制为之"，《故宫珍本丛刊》第 566 册，第 33 页。

丁未谕，浙江宁波府范懋柱家所进之书最多，因加恩赏给《古今图书集成》一部，以示嘉奖。闻其家藏书处曰天一阁，纯用砖甃，不畏火烛，自前明相传至今，并无损坏，其法甚精。著传谕寅著亲往该处看其房间制造之法若何，详细询察，烫成准样，开明尺丈呈览，寅著未至其家之前，可预邀范懋柱与之相见，告以奉旨，因闻其家藏书屋书架造作甚佳，留传经久，今办《四库全书》卷帙浩繁，欲仿其藏书之法，以垂久远。故令我亲自看明具样呈览，尔可同我前往指说，如此明白宣谕，使其晓然，勿稍惊异，方为妥协，将此传谕知之，仍著即行覆奏。寻奏：天一阁在范氏宅东，坐北向南，左右砖甃为垣，前后檐上下，俱设窗门，其梁柱俱用松杉等木，共六间，西偏一间安设楼梯，东偏一间，以近墙壁，恐受湿气，并不贮书，惟居中三间，排列大橱十口，内六橱前后有门，两面贮书，取其透风，后列中橱二口，小橱二口，又西一间排列中橱十二口，橱下各置英石一块，以收潮湿，阁前凿池，其东北隅又为曲池，传闻凿池之始，土中隐有字形如"天一"二字，因悟天一生水之义，即以名阁，阁用六间，取地六成之之义，是以高下深广及书橱数目尺寸，俱含六数，特绘图俱奏。得旨，览。②

寅著的这份奏报及图纸，清晰明白地向乾隆皇帝传递了天一阁的建筑风格和理念，尤其是"天一生水"四个字，颇得帝心。紫禁城的修建是以《周易》为主旨思想，而天一阁的建筑理念也是《周易》"天一生水"的体现。关于天一阁的命名有两种说法，其一是全祖望在《天一阁碑目记》载，"阁之初也，凿一池于其下，环植竹木，然尚未署名也。及搜碑版，忽得吴道士龙

虎山天一池石刻，元揭文安公所书，而有记于其阴，大喜，以为适与是阁凿池之意相和，因即移以名阁"③。其二是源自《周易·系辞》郑玄的注，"天一生水于北，地六成水于北"，历代的书厄中最大莫过于火灾，天一阁为上下两层建筑，上层以象征天，设计为一大通间，以书橱代替墙壁，以体现"天一生水"之意，其为藏书和阅览之处；楼下为厅堂之用，并列六间，以合"地六"之数，根据天一阁的修建，应该是先有"天一生水"的理念，才运用到阁的建筑上去。

天一阁是一座重檐硬山顶、砖木结构、六开间的二层小楼。楼下六间一字排开，分别加以隔断；楼上西侧为楼梯间，东侧一小间空置不用，居中三大间合而为一。实际上是以楼下隔断为六间，楼上通为一大间的建筑格局，来体现"天一生水，地六成之"的寓意。天一阁的外观装饰具有南方民间建筑的特点，柱子漆成黑色，还有大量的厌胜手法，特别在阁顶及梁柱上饰以青、绿二色的水锦纹和水云带，整体装饰以冷色调为主，十分素雅。阁前凿池蓄水，以防不测。从观念和实际的操作中时刻贯穿防火的理念。同时制定严密的制度并以"不与祭"的族规形式使后代得以恪守，种种措施使得天一阁及藏书历经数代至乾隆拟建四库藏书楼时，未有火患。

"天一生水"的理念深深地吸引了乾隆皇帝，首先在北方四阁的修建中，均仿天一阁之制，即"书楼四库法天一"④，天一阁的建筑理念和模式被清统治者采纳，成为宫廷建筑文化的一部分，其影响遍及全国，因而产生了更广泛的示范意义。

文渊阁的建筑风格

　　文渊阁在北方四阁中，是第三个开工建造的[1]，乾隆皇帝御制曰："天一取阁式，文津实先构。"注云："命仿浙江范氏天一阁之制，先于避暑山庄构文津阁，次乃构文源阁於此。"[2]文渊阁于乾隆四十年（1736）始建，翌年即建成，坐北朝南，在建筑规制、建筑功能和理念上，均效仿天一阁。在外观上也分上下二层，面宽 34.7 米，进深 14.7 米，下层于台基上，前后均建走廊腰檐，上有槛窗一列。阁的基层用大城砖叠砌，铺以条石，朴实无华。阁上下俱面阔六间，与紫禁城宫殿建筑面阔以奇数开间，形成以明间为中心的对称布局形式截然不同，成为宫中唯一按偶数设计的建筑特例。但是为了和前面的文华殿保持在同一中轴线上，文渊阁仍采取以明间为主，面阔最大，次间、稍间依次缩减的方法，并在五间主房的西侧设计面阔仅为 2.1 米的楼梯间，从而形成了面阔六间的格局，使文渊阁的中心向西偏离文华殿、主敬殿中轴线 1.05 米，由于楼梯间面阔很小，不足稍间的二分之一，明显处于附属地位。这样整个建筑的布局还以明间为中心，既符合了封建社会居中为尊的思想，满足了宫廷建筑规制的要求，又不违背仿天一阁阁制的圣谕，同时又很好地解决了上下楼的垂直交通问题，从而形成了宫殿建筑群中别具一格的平面布局形式。

　　在外观上，为符合藏书楼的礼制功能，文渊阁一改宫中黄瓦红柱之风格，大量采用厌胜的手法，以冷色调为主。以灰色水磨澄泥砖墙代替红墙，屋顶一改皇家建筑的黄琉璃瓦，采以黑色琉璃瓦，绿色琉璃檐头，建筑术语叫"绿剪边"，阁顶正脊上饰以紫色云龙纹雕饰，再镶以白色线条的花琉璃。柱身改为深绿色，槅扇、槛窗为褐黑色，外檐额枋的彩画一改传统的金龙，而采用清新的苏画，为了显示建筑的功能，图案绘河马负书和翰墨卷帙，并以波涛流云为点缀，山墙汉白玉石券门琉璃门罩的正脊上亦雕刻有四册线装古书，寓意四库全书。

　　阁前是一横向庭院，凿一方池，引金水河水流入，池上跨一南北向石拱桥，玉石栏杆，石桥和池子四周栏板都雕有水生动物图案，灵秀精美。院中遍植松柏，呈现出一派幽雅深邃的园林气氛。阁后及西侧，取太湖秀石叠堆成一小山，在寻史之地，山峦既深壑平远，又玲珑翠秀，别有一番景致。山后垣墙辟门，以通内外。门外稍东旧有直房数间，为直阁诸臣所处，今无存。

①关于文渊阁的修建，有人误认为是七阁中第一个开工建造的，如朱启钤在《文渊阁藏书全景后记》（《图书馆学季刊》第十卷第二期，1935 年）称："文渊始建，甲于七阁"。

②（清）弘历：《月台诗》，《高宗御制诗》四集，卷三十三，《故宫珍本丛刊》第 561 册，第 110 页。

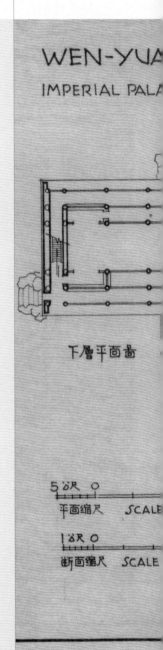

WEN-YUA
IMPERIAL PALA

下层平面图

平面缩尺　SCALE
断面缩尺　SCALE

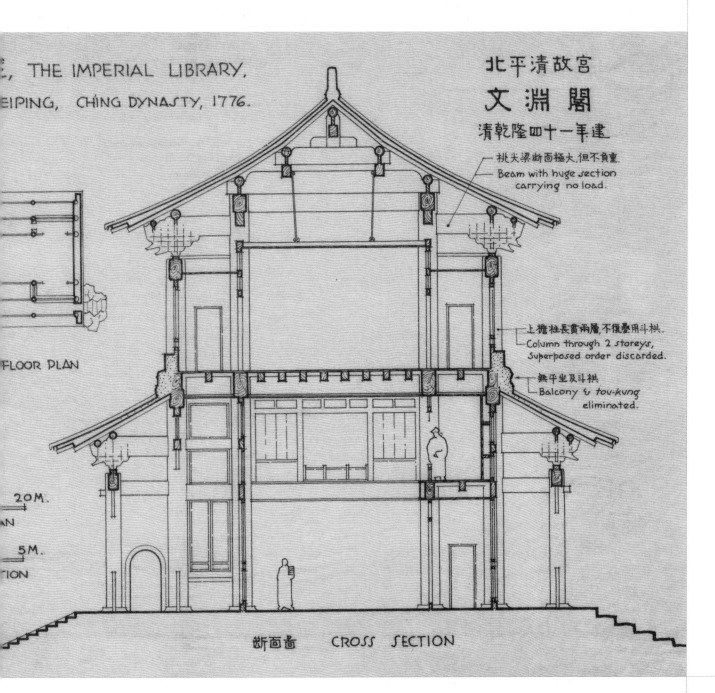

, THE IMPERIAL LIBRARY,
EIPING, CHING DYNASTY, 1776.

FLOOR PLAN

20M.
AN

5M.
TION

北平清故宫
文渊阁
清乾隆四十一年建

挑尖梁断面极大,但不负重.
Beam with huge section
carrying no load.

上檐柱长贯两层,不復叠用斗栱.
Column through 2 storeys,
superposed order discarded.

無平坐及斗栱
Balcony & tou-kung
eliminated.

断面畫　CROSS SECTION

梁思成手绘文渊阁　引自《图像建筑中国史》

文渊阁假山 穆泉摄

1

1.《文渊阁记》碑

2. 文渊阁碑亭天顶花

3. 文渊阁碑亭内檐

4.《文渊阁记》碑（局部）

5.《文渊阁记》碑底座

　　阁东侧建有一座碑亭，四脊攒尖，翼角反翘，盔顶黄琉璃瓦，造型独特，这是宫中唯一的南式建筑，也是宫中唯一的一处碑亭。亭内立有石碑，高5.5米，宽1.38米，正面用满汉两种文字镌刻高宗御制《文渊阁记》，背面刻赐宴御制诗。亭内上有玉做双夔龙寿字天花彩画，为乾隆时期彩画的典范之作。御碑亭的设置是文渊阁与天一阁的重大区别之一，七阁中也仅有北四阁建有碑亭，反映了古代社会严格的等级差别。碑亭的修建要晚于阁至少六年以上，碑阴所刻的御制诗为乾隆四十七年（1782）为庆祝第一份《四库全书》抄录告竣设宴赏赐而作，因此碑亭的整体设计与色彩风格都与文渊阁主体建筑相距甚远。

　　文渊阁在宫禁一片金碧辉煌中，古朴典雅，宁静肃穆，尽管"占地不广阁前潴池，引金水东绕，出桥之左，叠石植树，逾嫌偪仄，远不如圆明园之文源，避暑山庄之文津，山地旷秀，适合范家景物。"[1]但是作为宫中唯一的一座藏书楼，在乾隆皇帝的直接授意下，因地取景，在紫禁城中独树一帜，呈现典雅静谧的园林景象。

①朱启钤：《文渊阁藏书全景后记》，《图书馆学季刊》第十卷第二期，1935年。

文渊阁夹层

文渊阁的改进之处

　　尽管文渊阁以天一阁为蓝图，原则上与天一阁无异，但因藏书量的增加、皇家礼制的需要，根据传统的官式做法和皇家建筑的需要，对文渊阁进行了改造。

　　天一阁是一座重檐硬山顶建筑，其形式完全是从功能角度出发营造的。文渊阁地处紫禁城中，要遵守官式做法和体现皇帝的权威，也为了和周围的建筑风格相统一，因此改为歇山顶，像是文津、文源、文溯，因地处行宫或休闲之所，相对较为轻松，就仍采用民间的硬山式。文渊阁是七阁中唯一采取歇山式的建筑。以官式做法为基础，并作了创造性的改变，虽采用歇山式屋顶，但南面的腰檐又依九檩楼房式样，前后两面廊墙，砌有墀头抱厦式的排山博缝。廊东西两头，各有券门，可以出入。阁的侧立面，外形下丰上锐，显得歇山式屋顶既玲珑又稳重，整个造型优美、典雅。

　　除了在外观的一些改进外，文渊阁和天一阁最大的差异在于内部构造的改进，主要是考虑到书籍的储藏量的增加。建筑之前，设计者首先对藏书数量和建筑面积的对应关系进行了周详的考虑。《四库全书》每部分装 36000 余册，纳为 6144 函，加上《古今图书集成》和《四库全书总目》《四库全书考证》等书，总共多至 6700 余函，比天一阁藏书多出一倍以上。因此设计者为了沿袭了天一阁上下六间、各通为一间，暗合六之成数的做法，而对内部结构予以很大改进，采取了明两层暗三层的"偷工造"法，即外观重檐两层，实际上却利用上、下楼板之间通常被浪费的腰部空间暗中多造了一个夹层，全阁上、中、下三层都能用来贮藏书籍。下层中间留出广厅，高贯两层，正殿两侧储藏《四库全书总目》《四库全书考证》和《古今图书集成》，左右稍间储藏《四库全书》的经部 20 架；中间一层储藏史部 33 架；上层储藏子部 22 架和集部 28 架。既充分利用了空间，又节省工料，体现了清代宫廷建筑师们在工程设计和建造艺术上的深厚造诣和高超技巧。不仅符合"天一生水"的修建理念，功能上又增加了内部的储书量，二者很好地达到了统一。但是由于夹层没有采光，遇有天气不好时，不借助烛火，寸步难行，且大厅上方的走廊非常狭窄，书架又较高，很难取阅。

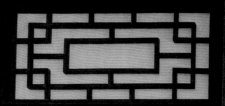
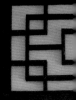

文渊阁夹层隔扇

文渊阁之功能与陈设

室内装修

　　清代每年春秋两季，皇帝要在文华殿举行经筵活动。雍正年间，经筵举行后增加赐茶之礼，遂成为定制。原在文华殿东西配殿及午门内东庑协和门以北等处举行，自文渊阁建成以后，经筵讲毕，御文渊阁，讲官、起居注官进至阁内赐坐、赐茶。《四库全书》第一部告成后，曾在这举行典礼，阁内、阁外、廊上、丹墀内，都摆满了宴席。这是文渊阁不同于其他几阁的特有功能，因此文渊阁内部设计除了考虑到贮放四库全书外，还有礼制方面的需求。

　　阁下层内部，于次间左右，利用书架为间壁，使中央三间形如广厅。厅高贯两层，豁然空朗，中央设宝座，左右各摆放一个独立的书架，显得高大宽敞又庄严肃穆，地位突出，满足了举行典礼及经筵赐茶的需要。宝座后自东向西装槅扇，自槅扇后，经左右旁门，可绕至东西稍间。隔扇关闭后，前后各为独立空间，互不干扰。隔扇除两扇为开扇外，其余用销固定，必要时可拆下扩大广厅空间。夹层北侧装板壁，列书架，南侧则沿金柱施栏楯，下临广厅，南端设宝床，与下层东稍间宝床的位置、尺寸形式如出一辙。三楼除西尽间外，为一大通间，用落地罩在金柱与通柱间于南北两面各辟走道，道之外侧全部开窗，光线明亮，利于阅读，内侧金柱之间利用书架分隔成五间，做藏书之用。明间正中施落地罩，前后各置御榻，为他室所无。

1. 文渊阁一层隔扇
2. 文渊阁一层稍间书架
3. 文渊阁一层明间书架

　　作为皇家的藏书楼与皇帝的阅览室，文渊阁并无过多华丽的装修。书架的运用与摆放至关重要，成为沟通书籍与藏书楼的桥梁，书架不仅存放图书，还起到了分割空间的作用。阁建于四库成书之前，因此书架的排列，是经过审慎周密的计算。全阁共一百一十五架，逆时针排列，不仅很好地解决了藏书问题，采用大量整齐划一的书架做隔断，将文渊阁室内各种不同的区域划分清楚，大大提高了室内空间利用率，布局合理，使室内空间既分割，又不封闭，平面布局既富于变化，又相互连通，具有中国装修灵活多变的优点和特色。

文渊阁夹层书架

　　此外，雕刻着精美回纹的雁翅板，灵活多变的落地罩，棂条纤细，槅心加纱的隔扇等装饰，高雅大方，简约朴实，颜色用料统一，与文渊阁的功能、形式、文化的需求相一致。乾隆皇帝对于室内装修、家具、陈设的花纹、颜色等具有统一全面的考虑，而且从设计到制作亲自过问，较之过去按程式化的规定依等级高低制作，艺术审美的效果及水平要高得多。①

文渊阁一层隔扇

①茹竞华、王时伟、端木泓：《清乾隆时期宫殿建筑风格》，《故宫博物院院刊》，2005 年第 5 期。

文渊阁一楼明间陈设

室内陈设

　　台北故宫图书文献处现保存有《文渊阁陈设图》与《文渊阁陈设册》，是清咸丰七年（1857），内府重新点检文渊阁《四库全书》时，将文渊阁陈设的一切器具、文玩、书画、图籍等，依陈列处所，一则绘画装订成册，一则用文字记录。陈设图共分九页，包括文华殿宝座、主敬殿宝座、文渊阁明间宝座、东稍间宝座、楼筒、楼下净房、仙楼东稍间宝座、大楼北面宝座、大楼南面宝座九张陈设图，详细绘制了文渊阁的内部陈设，在每件器物上还注明了器物的名称，陈设册则具体记载了所有在陈物品，包括常设、撤走及墙上的贴落。清宫陈设历来以陈设纪录档为主，而绘制精细、栩栩如生的陈设图还属罕见。在还

没有影像技术的时代，这几页陈设图形象地展示了文渊阁陈设物品的摆放规制及物品形态，几乎具有影像的功能，为我们了解清代尤其是乾隆时期宫廷内部陈设，提供了直观的资料。这些陈设是乾隆年间所遗留，还保持乾隆年间的风格，兹根据陈设图、册所载，将其殿内所陈诸珍玩书册照录如下，以见文渊阁陈设情形之一斑：

一楼明间：

正中设紫檀文榻，铺黄江绸绣花坐褥、迎手一分、足踏一组，铺黄江绸足踏套一件，文榻上放御笔文渊阁记手卷一卷（雕紫檀匣盛，随袱，乾隆五十九年二月初四日用宝二颗）、填漆痰盆一件、紫檀嵌三块汉玉如意一柄（绿穗珊瑚豆二颗），文榻后有紫檀金字围屏十二扇，左右有凤式鸾翎扇一对，紫檀香几一对，东面香几上有白玉文渊阁记册一件（计十片，紫檀填金罩盖匣盛），西面上置磁炉、瓶、盒一分，前有紫檀龙书案一张，上面摆放青玉印色盒一件（紫檀座）、汉玉鱼磬一件（紫檀架座两）、白玉宝一颗（紫檀填金罩盖匣盛）、定磁暗花梅瓶一件（紫檀座两）、紫檀木根笔筒一件（内插湖笔四支，抓笔三支，手卷一卷）、帝学一部（紫檀罩盖匣盛）、册府龙光一册（紫檀罩盖匣盛，计玉四片，乾隆五十九年二月初四日用宝二颗）、鏒铜镀金镇纸一件（鏒铜座）、鏒铜镀金笔山一件（鏒铜座）、鏒铜镀金水盛一件（随鏒铜镀金水匙）、章辉四表册页一册（紫檀罩盖匣盛，乾隆五十九年二月初四日用宝二颗）、凤式紫石砚一方（鏒铜镀金托）、紫檀匣两个（内盛雕漆笔两支，硃墨一锭，黑墨一锭）、青绿双耳方镈一件（紫檀座两）、青汉玉把莲花洗一件；

一楼东稍间：

炕上东有织锦迎手靠背坐褥一份，坐褥上有紫檀嵌三块汉玉如意一柄（黄穗珊瑚豆二个）、四阁诗册页一册，添漆痰盆一件，炕中后方摆放白地红花甘露瓶一件（紫檀座），洋漆香几一张，香几上有汉玉腰圆盒一件（紫檀座两）、青玉乳钉耳鼻炉一件（紫檀盖玉顶两）、汉玉兽面花插一件（紫檀座），香几左右设经筵御论两套（计八本，紫檀罩盖匣盛），炕西设洋漆炕案一张，案上摆有汉玉福寿松鹤杯一件（紫檀座两）、字汇一套（上函）、冬青釉三足炉一件（紫檀盖座，玉顶两）、字汇一套（下函）、太白阴经二函、青绿异兽熏炉一件（紫檀座两），案下依次摆有填白磁镟碗一件（紫檀座两）、御笔藏经纸文渊阁记册页一册（紫檀罩盖匣盛）、战国七分一函、御笔平定两金川得胜图一册、御笔平定苗疆战图一册、御笔平定安南战图一册、御笔平定廓尔喀战图一册、御笔平定犵苗战图一册、御笔平定定西战图一册、御笔平定台湾战图一册、简明目录四套（计二十本，旧雕漆匣盛）；

一楼净房：

木桌一张，上放有铜炉、木瓶、盒一分，夜净一个，如意橛二个（毡色），如意盆二个；

夹层仙楼东稍间：

　　炕上东有织锦迎手靠背坐褥一份，坐褥上有添漆痰盆一件，紫檀嵌三块汉玉如意一柄（香色绦珊瑚豆二个），炕中摆简明目录四卷（紫檀罩盖匣盛），汇文宝记紫檀匣一个（内盛文渊阁墨一百块），炕西设洋漆炕案一张，案上设白底红花甘露瓶一件（紫檀座）、白玉荔枝方盒一件（紫檀座丙）、青汉玉回回耳洗一件（紫檀座）、青白玉蕉叶花插一件（紫檀座）、哥窑葵花碗一件（紫檀架座），案下摆放黄河源图一匣（五册）、谐奇趣西洋水法图二十张；

1. 文渊阁三层宝座
2. 文渊阁明间宝座陈设
3. 文渊阁仙楼东稍间宝座陈设

三楼楼筒：

　　殿内头层楼梯北墙上挂紫檀边画玻璃挂屏一面，下设紫檀琴桌一张，桌两边各摆放吉字韵编一套，青玉龙首觥一件（铜胆紫檀座丙）、白玉夔龙磬一件（紫檀架座）、定瓷单螭瓶一件（紫檀座丙）；

三楼南面宝座：

　　书槅上有织锦迎手靠背坐褥一份，上摆放填漆痰盆一件、紫檀嵌五块汉玉如意一柄（黄绦珊瑚豆二个）、青花白地撞罐一件、经筵御论一部（计五册，紫檀匣套）、正窑黄地蓝花盘一件（楠木座丙）；

三楼北面宝座：

　　书槅上有织锦迎手靠背坐褥一份，上摆放添漆痰盆一个、紫檀嵌三块玉如意一柄（月白绦珊瑚豆二个）、青花白地撞罐一个（紫檀座）、土定磁荷叶盘一个（紫檀架座）；

　　此外陈设册还记在文渊阁三层各处还有乾隆御制诗贴落35张，乾隆三十八年到四十年之间（1773～1775）御笔抄写，内容有关四库全书所收之书。

　　乾隆朝紫禁城中增设了大量的书房。乾隆皇帝广收天下图书，兴建楼阁苑囿，并时常举行大型的文事活动，乾隆皇帝所到之处必设书房。紫禁城中书房的数量、分布、设置和使用都不尽相同，反映出王朝的盛衰和宫廷文翰活动的发展演变。紫禁之内，殿堂之中，凡设宝座处，左右必陈典籍和古玩，反映出清代帝王对文治的重视与夸耀。但总体来看，道光朝之后，宫内大量书房开始闲置或变为仓库，文事活动萧条，往日的宸翰光辉渐趋黯淡了。文渊阁作为清宫最大的以藏书为主兼备阅览的书房，通过这些陈设图我们可以重现乾隆盛世文渊阁的内部情形，其内每一层都为乾隆皇帝留出休息的地方，置宝床、炕案等，还设有专门的净房，明显是供乾隆皇帝长期间停留，陈设的物品与乾隆时期"便殿"相似。

①朱家溍：《明清室内陈设》，第45页，紫禁城出版社，2004年。

②吴哲夫：《四库全书的配件》，台北：《故宫文物月刊》五卷二期，1987年5月。

③施庭镛：《故宫图书记》，《图书馆学季刊》第一卷第一期，1925年。

④《故宫物品点查报告》第四编第三册，中华民国十八年七月一日，故宫博物院刊行。

一楼书案上摆放了笔筒、砚、水盛、笔洗、笔山、镇纸等传统的文房用品，炉瓶盒三事是自古以来文人书房中必备之物，炉焚香，盒贮香，瓶中有铲箸各一，用以添香除灰。[1]这种固定陈设不仅摆放了明间，就连净房也有。乾隆皇帝尚古、博古，对于古玉尤为重视，除了搜集之外，更善于"古为今用"。因此在文渊阁的陈设中，有各式玉器，如横玉鱼磬、白玉夔龙磬、玉册、玉宝、青玉龙首觥等；在文渊阁中如意无处不在，无论是在大厅的宝座上，还是宝床及书橱上，都摆有块数不一的汉玉如意，这是乾隆时期宫殿中重要的陈设和吉祥物。另外一个特点就是大量的陈设瓷器，摆放了瓶、樽、碗、花插、盘、罐等官窑烧造瓷器，造型不一，具有极高的艺术价值。

在典籍的陈设上，既有《经筵御论》《帝学》等这些有关治国方论典籍，还有《简明目录》《字汇》《吉字韵编》这样的工具书，《字汇》是明代至清初最为通行的字典，一般认为至《康熙字典》出，《字汇》隐没不显，《四库全书总目》也没有著录，但是从陈设图可知，乾隆皇帝还是以《字汇》作为检字之工具书；《简明目录》作为《四库全书》编修的配件，易于翻阅，在文渊阁一楼、二楼都有摆放，便于乾隆皇帝使用。台北故宫藏有乾隆间内府乌丝栏抄袖珍本，书前后分别盖"乾隆御览之宝"和"古稀天子"两款朱文圆形玺印，以精致的雕漆匣存放，应为东稍间宝床上所放，还有一部内府写册页本，外加锦函，庄严富丽，应为仙楼东稍间宝床所放。[2]此外还有黄河源图及西洋水法图一函，《黄河源图》为乾隆四十七年（1782）内府刻本，阿毕达绘制，现存于北京故宫，而《西洋水法图》不知何人所绘，乾隆皇帝将中、西两种水利之图合函比较，可见其对西洋之法的重视。

文渊阁陈设考究，几榻有度，器具有势，位置有定，既体现了实用价值，又显示了丰富的文化内涵，表现了宫廷御用品的特点。

民国初期，施庭镛先生曾到访文渊阁，有如下记载："东内室，南牖上，面西，原设有宝座，三面仙楼。东仙楼，南牖上，面西，原亦有宝座，而今俱无。上层楼明间，中设方式书橱一，南北向。各设宝座一。前楹后庑，均贴有乾隆题咏诸诗。阁内上下，均储书籍。观文渊阁陈设图，知各处均陈设有文房珍玩等，而今除书外，一无所有矣。"[3]施庭镛先生提到的这份陈设图应该就是台北故宫现保存的，而在清室善后委员会的点查报告里，文渊阁的陈设除了书架外，仅剩两张硬木雕花书桌[4]。1932年，由于发现文渊阁内支撑书架的梁柱有下沉，故宫博物院委托营造学社做一个修复计划，在刘敦桢、梁思成和土木结构专家蔡方荫的共同努力下，经过详细的科学测量，文渊阁得以修复，并于1936年在巴黎影印了《文渊阁藏书全景》。其中有一张大厅宝座的照片，宝座和香几式样与陈设图所绘有所不同，地上铺设了地毯。按照清室善后委员会的点查报告，照片中的摆放式样应为北平故宫时期所仿乾隆朝。

文渊阁的御制题记、题诗

　　文渊阁为乾隆朝鼎盛时期修建，同时也正值乾隆御制诗文创作的鼎盛之期，文渊阁里处处可见有关阁建筑和藏书的题记、题诗及楹联等，且都出自乾隆皇帝之手，可见其对文渊阁的修建和四库全书编修的格外重视。阁内一层大殿正中悬挂金地黑字"汇流澂鑑"匾额，左右各有贴金龙头浮雕通顶楹联，上书：

　　荟萃得殊观，象阐先天生一。
　　静深知有本，理赅太极函三。

　　北向横眉悬挂金地黑字匾额，上为乾隆四十一年（1776）御制诗：

　　每岁讲筵举，研精引席珍。
　　文渊宜后峙，主敬恰中陈。
　　四库庋藏待，层楼结构新。
　　肇功始昨夏，断手逮今春。
　　经史子集富，图书礼乐彬。
　　宁惟资汲古，端以励修身。
　　巍焕观诚美，经营愧亦濒。
　　纶扉相对处，颇觉叶名循。

　　左右亦有贴金龙头浮雕通顶楹联，书：
　　壁府古含今，藉以学资主政。
　　纶扉名副实，讵惟目仿崇文。

　　三层正中设方形书槅，槅壁镌有乾隆帝题咏诗，南北向一首。北向御制诗为：

　　立政惟人义岂磨，股肱喜起敕几歌。
　　古今制异难沿袭，襄赞职同在协和。
　　经史历编无不备，缥缃独弃有堪多。
　　双松书屋东荟隐，弗出对敥又以何。

　　南向御制诗为：

　　分记原通记，尊王义寓中。
　　年经国为纬，外抑内斯崇。
　　统万乃惟一，会殊则以同。
　　希珍传宋椠，遣暇可研穷。

　　像阁内的其他陈设一样，匾额楹联也是制作精致、用料贵重，集书法、词句、雕饰之美于一身，画龙点睛地渲染着文渊阁内的意境。

阁外西侧碑亭，碑正面用满汉两种文字刻乾隆皇帝著名的御制文《文渊阁记》，碑阴是与文渊阁《四库全书》缮毕入藏有关的御制诗，正文注文俱镌刻上石，至今清晰如新。题诗为"经筵毕文渊阁赐宴以四库全书第一部告成庋阁内用幸翰林院例得近体四律首章即叠去岁诗韵"，诗共四段，间有小字注。

此外，乾隆皇帝在四十四、四十六、四十七、四十八、四十九、五十一、五十三、六十年分别都作有与文渊阁相关的御制诗（《清高宗御制诗集》）。从这些御制诗可以看出，从文渊阁落成到退位的最后一年，乾隆皇帝一直没有间断到文渊阁进行经筵赐茶，对编纂《四库全书》这项前无古人，后无来者的文化鸿业感到由衷的自豪。

结语

为了嘉惠艺林，彰显"一代收藏"之重责，乾隆帝除了修建北方内廷四阁之后，又下令在人文渊薮聚集的江浙地区建立文汇阁、文宗阁、文澜阁，可以说七阁的建成标志着乾隆时期的文化基业达到了顶峰。文渊阁虽然不是七阁中最早落成的，但因为地处宫禁，而其所藏之四库本校勘最精，因此一直被认为是清代官方藏书楼的典范。其余几个阁有的毁于战火，有的重新翻修，失去了原来的面貌。文渊阁依旧保持着当初的建筑风格，尽管书去楼空，这座承载着乾隆皇帝"为天地立心，为生民立道，为往圣继绝学，为万世开太平"宏伟目标的藏书阁，在历经二百多年的风雨后，它精妙的建筑构思，与众不同的艺术风格，依然为我们重现了乾隆盛世的景象。

从2008年起，笔者开始参与对尘封百年的文渊阁进行除尘整修，并进行原状陈列的布陈，由于没有看见台北故宫所藏的陈设图，因此主要根据民国时期的照片，但是由于年代久远，有些物品已难寻踪迹，复制了地毯、炕毡、文房用具等，并委托苏州顾文霞工作室复制了坐褥靠背迎手。2013年5月，文渊阁首次对外开放，这座乾隆时期著名的皇家藏书楼得以展现于公众。

壁府古含今
——
梁思成与文渊阁

文／肖伊绯

测绘文渊阁给了梁思成深入探研中国顶级古典建筑的契机，文献与实物『双重解码』工作仍在推进。梁思成认为研究中国古典建筑，『唯一可靠的知识来源就是建筑物本身，而唯一可求的教师就是那些匠师』。

梁思成与故宫至少有三大因缘。一是故宫以古典顶级建筑样本范例，为其中国建筑样式学、古典建筑美学的研究打通权威路径；二是故宫为其撰著《中国建筑史》奠定坚实基础；三是故宫为其测绘、修复古建筑提供了最初蓝本。

一九三二年十月，故宫文渊阁支撑书架的梁柱严重下沉，情况堪忧。故宫博物院方面虽然早已将阁中存书全部取下入存别库，但还是希望找到楼面沉陷症结，以便及时修理。时任故宫博物院总务处长的俞星枢即刻请求正在故宫进行测绘工作的营造学社派社员勘查，给出修复计划。于是，梁思成就与刘敦桢，拎着工具箱步入故宫开始相关工作，这也是他第一次以

20 世纪初文渊阁二层宝座

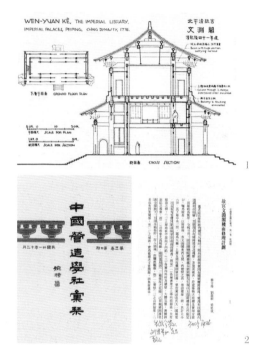

专业眼光审视故宫建筑。文渊阁的历史价值与文化地位毋庸赘言，而此刻这座建筑对于梁思成而言，还有印证《工部工程做法则例》的重要实证作用，这对于他以"二重证据法"解读古代建筑文献，及日后编成《中国建筑史》都大有裨益。在《清文渊阁实测图说》中专列的"结构"中，梁思成指出："阁之梁架结构，大体以《工程做法》所载九檩硬山楼房为标准，惟利用下檐地位，增设暗层，与檐端施斗拱，及屋顶易为歇山数事，非是书所有耳。"这既有大体上的"原则符合"，又有实际建造过程中的创举。梁思成对此作出精准的评判与描述之后，更分条列举了不符合《工程做法》的种种结构特征，并据此分析出了文渊阁梁柱严重下沉的症结所在：此阁柁、梁、楞木，如前所述，其配列法虽无不妥，但因用材施工，不得其当，致年久楼板下陷，成为结构上重大之缺点。

⋯⋯⋯

与刘敦桢合写的文章于一九三五年十二月发表于《中国营造学社汇刊》第六卷第二期。学社方面特意将此文单独抽出印制为精美的单册书籍，又将此册与《四库全书简明目录》一册、文渊阁图片十一张，附英文说明一册合装一函，总名为《文渊阁藏书全景》，作为介绍文渊阁的权威读本发售。

而在《清文渊阁实测图说》完稿之前，一九三二年末的《中国营造学社汇刊》第三卷第四期，梁思成与同事合写的《故宫文渊阁楼面修理计划》业已刊发。这是一篇纯粹以现代建筑学方法来解决古建筑修复的重要论文，不仅探讨古建筑现状及修复之设想，而且以科学计算的方式明确提出了修复方案，堪称中国古建筑修复的开篇之作。该文得出的勘查结果称："现有大柁，每平方时承受一千二百余磅之荷载，超过容许荷载力约一倍，宜其柁身向下弯曲，发生楼面下陷之现象也。至于柁之铁箍过少，与两端接榫过狭，且无雀替补助，皆不失为次要原因。"针对症结给出修复方法五种，又提出两大古建筑修复基本原则，即"惟按修理旧建筑物之原则，在美术方面，应以保存原有外观为第一要义。在结构方面，当求不损伤修理范围外之部分，以免引起意外危险，尤以木造建筑物最需注意此点"。

文中也对各种修复方法一一核算，指出"当以钢筋水泥最为适当"，并据此给出了具体施工设想。如果说故宫古建筑修复提供的是模板性质的经验，那么这篇论文在中国古建筑修复领域所产生的影响应是巨大且持续的。测绘文渊阁给了梁思成深入探研中国顶级古典建筑的契机，文献与实物"双重解码"工作仍在推进。梁思成认为研究中国古典建筑，"唯一可靠的知识来源就是建筑物本身，而唯一可求的教师就是那些匠师"。他在北平四处探访，拜几位曾在宫里做工的老木匠和彩画匠为师，基本弄清了《清工部工程做法则例》中的种种术语与施工实例。一九三二年，梁思成着手编写《清式营造则例》，一九三四年正式出版。书中详述了清代官式建筑的平面布局、斗拱形制、大木构架、台基墙壁、屋顶、装修、彩画等的做法及构件名称、权衡和功用，被认为是中国建筑史学界和古建筑修缮专业的"文法课本"。

（节选自《民国学者与故宫》，故宫出版社，2016年）

1. 梁思成手绘文渊阁 引自《图像中国建筑史》

2.《故宫文渊阁楼面修理计划》书影

3. 文渊阁 20 世纪初

4. 从文渊阁二层看一层书架 20 世纪初

5. 营造学社所拍文渊阁内景

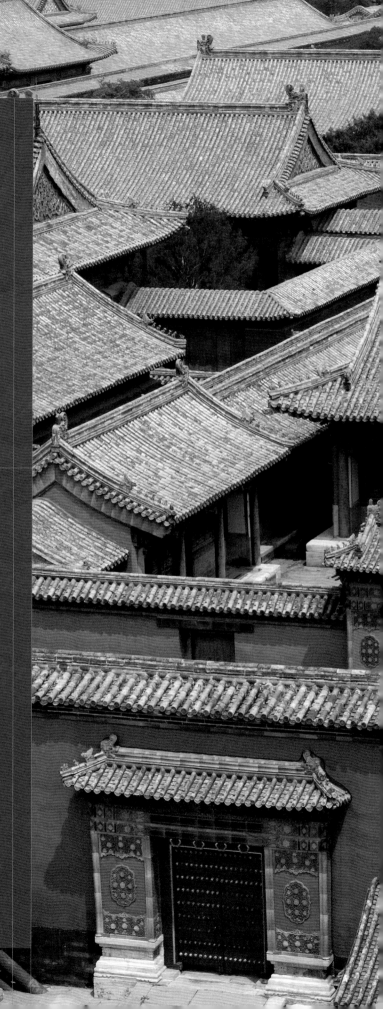

一室常延九宇庆——毓庆宫

文／刘畅

毓庆宫正宫的工字殿室内分隔灵活巧妙，大小空间变幻莫测，室内设计极富特色，配得上迷宫之称。

溥仪在《我的前半生》中写道：

毓庆宫的院子很小，房子也不大，是一座工字形的宫殿，紧紧地夹在两排又矮又小的配房之间。里面隔成许多小房间，只有西边较大的两敞间用做书房，其余的都空着。

两间书房，和宫里其他的屋子比起来，布置得较简单：南窗下是一张长条几，上面陈设着帽筒、花瓶之类的东西；靠西墙是一溜炕。起初念书就是在炕上，炕桌就是书桌，后来移到地上，八仙桌代替了炕桌。靠北板壁摆着两张桌子，是放书籍文具的地方；靠东板壁是一溜椅子、茶几。东西两壁上挂着醇贤亲王亲笔给光绪写的诫勉诗条屏。比较醒目的是北板壁上有个大钟，盘面的直径约有二米，指针比我的胳臂还长，钟的机件在板壁后面，上发条的时候，要到壁后摇动一个像汽车摇把似的东西。这个奇怪的庞然大物是哪里来的，为什么要安装在这里，我都不记得了，甚至它走动起来是什么声音，报时的时候有多大响声，我也没有印象了。

奥室之奥，首先在于"工"字
平面造成的复杂空间关系。

从当今说起

今天的故宫人把毓庆宫叫做迷宫。毓庆宫正宫的工字殿室内
分隔灵活巧妙，大小空间变幻莫测，室内设计极富特色，配得上
迷宫之称。上世纪九十年代我在故宫工作时，毓庆宫还是博物院
织绣文物的库房。近来再入毓庆宫的时候，宫廷原状仍在整理之
中。徜徉顾盼之间，溥仪的记述历历在目，而溥仪所讲的都空置
着的"里面隔成许多小房间"，正是唤起人们无限好奇与遐想
的迷宫，是现在故宫工作人员都难得一见的曲折奥室。

奥室之奥，首先在于"工"字平面造成的复杂空间关系。前
殿是毓庆宫，基本沿着平面柱网轴线布置室内装修隔断，东半部
两间逐层深入，西半部相对开敞为一大空间，沿着西山墙设顺山
炕；中间的连接部分惯称穿堂；后殿叫做继德堂。

奥室之奥，还在于工字殿与前后殿的贯通联络。

奥室之奥，尤其在于后殿的密集隔断，以至于密集到了三步
一凹、五步一室的地步。后殿之东进一步与东庑房联络了起来，
巧加隔断，被叫做味余书屋。

现状室内使用的内檐装修数量众多，完全摆脱了柱轴线的限
制，由板壁、碧纱橱、群墙槛窗、几腿罩、栏杆罩、落地罩等围
合出从完全封闭到完全通透的各种不同的小空间，这也正是毓庆
宫的"迷"之所在。

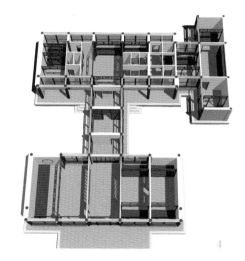

1. 毓庆宫前殿室内布局示意图
2. 毓庆宫工字殿连廊部分室内布局示意图
3. 毓庆宫工字殿继德堂部分室内布局示意图
4. 惇本殿至毓庆宫工字殿整体室内布局示意图

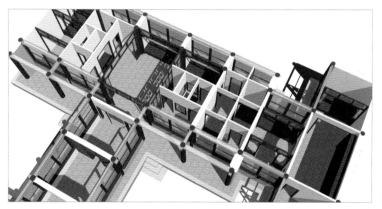

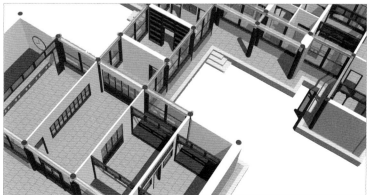

迷宫不是一次建成的

毓庆宫后殿继德堂中墙上装裱的贴落[1]都是嘉庆时期的[2]，因而被认为"内部陈设主要为乾隆、嘉庆两朝原状"[3]。我们还应当注意到，这许多陈设所附着的建筑和室内装修，在历史上经过了显著的改造——毓庆宫原本不是一座工字殿。毓庆宫与后殿继德堂二者之间的连廊只是一个半室内的开放的"平台廊子"。

一下子，今天所见的奥室少了工字殿的连腰——把迷宫一分为二，再去掉中间的联络，迷宫便少了很多奥妙，或许只能称为"迷宫原型"了。不过历史就是这样，层层叠叠，积累成醇久的味道，萃取出每道滋味，却又这般平淡。

发现"迷宫原型"的线索来源于我在中国国家图书馆查阅样式雷遗档的时候曾经见过的九张毓庆宫图样[4]。这些图样反映了一次规模相当大的改造工程，其中只有 167 包 93 号注有"八年十一月十二日进内查得毓庆宫东进间西缝添安横披窗"，所以无法就此判断这些室内改造到底是什么时候做的。

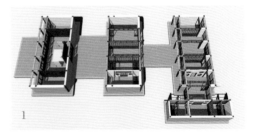

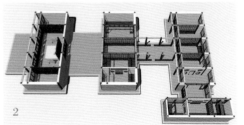

今天所见的奥室少了工字殿的连腰——把迷宫一分为二，再去掉中间的联络，迷宫便少了很多奥妙，或许只能称为"迷宫原型"了。

在这一批九张图样中，有 165 包 24 号、176 包 004 号和 173 包 39 号三张图纸可以比较清晰地反映出当时设计的内檐装修情况，与现存状况存在较大差异。

165 包 24 号图纸和 176 包 004 号图纸既有墨线又有红线，且标注有"添安××""××见新"墨字，似为样式房的设计草图。173 包 039 号图纸只用墨线绘制，内容包括了上两张图纸中大部分"添安"的内檐装修，推测其为上两张设计草图的定稿图。

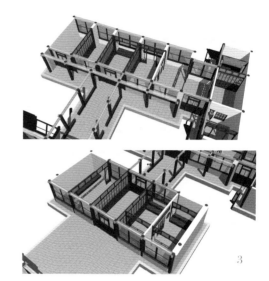

1.

样式雷图样所反映的毓庆宫无连廊总体布置示意图

2.

样式雷图样所反映的毓庆宫有室外连廊总体布置示意图

3.

样式雷图样所反映的毓庆宫前殿室内布置示意图

3

①贴落，"可贴可落""随时贴落"之意，系裱糊在墙面壁纸、门窗装修屉心、假门框口之内等处不定期更换的书画作品。

②陆成兰，《毓庆宫的三次改建与清代建储》，《中国紫禁城论文集》第三辑，紫禁城出版社，2004年，151至152页。

③王子林，《紫禁城原状与原创》，紫禁城出版社，2007年，244页。

④这些图样包括：中国国家图书馆藏样式雷排架165包24号，167包56号墨批"毓庆宫二次改呈览交下照画样尺寸准底"，167包69号墨批"毓庆宫东进间西缝进深隔断门口一槽"，167包73号，167包86号墨批"毓庆宫明殿前檐添做冰纹式鱼腮风门"，167包93号墨批"八年十一月十二日进内查得毓庆宫东进间西缝添安横披窗"，167包97号为毓庆宫室内添安装修立样，167包120号墨批"毓庆宫糙底"，167包168号。

⑤《钦定大清会典事例》第六六二卷《工部》。

根据三张图样的反映，穿堂当时根本不存在，要么就是一座空荡荡的半室外连廊。和现状比起来，前殿的变化最小，变化仅仅在明间和东次间无关紧要的地。当时设计的后殿装修则非常中规中矩，装修一律沿着柱网轴线布置，全无现存小隔间的无穷奥妙。

继续向前追溯，嘉庆六年（1801）有"添建继德堂后穿堂一座"[5]的记载。是嘉庆帝在某次没有实现的设计中想把毓庆宫修成"王字殿"，还是史料记载有误，实际讲的是"添建继德堂前穿堂一座"？想必答案就躲藏在清宫档案某个角落里。

再前推数年，乾隆皇帝尚在世的时候，嘉庆皇帝还住在毓庆宫。嘉庆帝再如何恭敬孝顺，也不会不充分考虑帝宅与王府宫殿的等级差异。这么说来毓庆宫院中核心的三座大殿——惇本殿、毓庆宫、继德堂就"理应"仿照后三宫，至少也不低于普通皇子居住的规格。

可见，样式雷图中所画的平台廊子应当是在乾隆末年确定毓庆宫规制的时候不应当出现的，只有在嘉庆帝不再居住于此的时候才会有这种"逸乐化"的做法。换句话说，这种"迷宫原型"的布置至少不会早于颙琰亲政之后改毓庆宫为"几暇临幸之处"的嘉庆六年（1801）。

原本不是迷宫

康熙十四年（1675），康熙皇帝按照汉族做法，立两岁的嫡子允礽为皇太子。康熙十八年（1679），是毓庆宫得名的时间，改明代神霄殿为太子宫，名唤毓庆宫。在那段不平静的大内岁月中，在随后经历了两立两废皇太子的事件之后，毓庆宫的光环渐渐褪去。

皇储之争真正地催得康熙皇帝老去，雍正帝终于登上了至高无上的御座。雍正皇帝在位期间再没有公布皇太子的名字（1723~1735），毓庆宫降为一般皇子住所[①]。遗憾的是，对于当时建筑群布局、单体建筑规模，目前缺乏史料依据，实物遗存也在经历了后期改造之后难以寻觅了。

乾隆八年（1743）的时候，三十多岁的皇帝端详着两岁的儿子永琪，怀揣着与当年祖父同样的熔化了的、憧憬着的爱心，他大概一下子有了确立太子的冲动。于是，沉寂多年的毓庆宫再度开始了大修。修建后的毓庆宫仍被用作皇子读书居住之所，多年之后嘉庆皇帝年少时就曾赐居在此。也正是有了这一年的大修，我们才得以从《内务府奏销档》中读到乾隆初年毓庆宫的面貌："毓庆宫工程依奏准式样建造大殿五间、后殿五间、照殿五间、前东西配殿六间，琉璃门两座，转角露顶围房三十四间，宫门前值房十四间，后院净房一间……其殿宇房座俱照宫殿式样油饰彩画裱糊。"[②]

档案里说"依奏准式样建造"，那么当时一定有完整的设计，是通盘考虑的；档案里又说"搜用本工拆下存剩旧料等项，共约减去银六千八百八十余两"，可见当时康熙朝的很多物料还很坚固，当然也就存在重复使用旧有物料的可能，至于琉璃门之外各大殿木结构主体部分，则主要为这个时期鼎新而成[③]。乾隆八年的建成结果与毓庆宫现状对比，最为突出的特点是当时的毓庆宫在中轴线上只有三座大殿，竟然在中轴线上少了一座建筑。

好在这段时间跨度中，乾隆六十年（1795）的档案揭示了又一次大修工程。当时乾隆帝准备履行"若蒙眷佑，俾得在位六十年，即当传位嗣子"的诺言，把皇位传给儿子永琰。工程内容主要是将原来的惇本殿、祥旭门南移，腾出空间来添加一座殿宇，就是毓庆宫的前殿，以便让儿皇帝住在前后三殿的院里，以便自己可以继续占据乾清宫一院和养心殿一院。档案记载着：

添盖大殿一座，计五间。其惇本殿并配殿露顶、祥旭门俱往前挪盖，添盖围房六间，后照殿前，添盖东西游廊，照殿东山添盖抱厦一间，此外，还有继德堂东山添盖抱厦一间；改盖东顺山殿三间；后殿两边添盖游廊两座，每座三间；配殿南耳房二座，每座一间；祥旭门前院改盖值房二座，每座计三间……

读着这份史料，对照着现状面貌，再与乾隆八年的记载相较，联想更早的史料描述，我们终于可以把毓庆宫各建筑对号入座了。经过这样的改造，宫殿的规格再度提高，可以作为乾隆帝开始训政后嗣皇帝嘉庆即位的过渡居所。

嘉庆帝即位后，就是按照父亲的设计居住在毓庆宫，至嘉庆四年（1799）乾隆帝病逝后才搬离此宫。嘉庆皇帝开始亲政的时候，他并没有忘记自己的"潜邸"毓庆宫，他下令诸皇子不再居住毓庆宫，而将其作为自己的"几暇临幸之处"，并于嘉庆六年（1801）对自己的"潜龙邸"进行了添建和改造。

乾隆帝执政的最后一年改造的时候，毓庆宫才有了"工"字殿的上下两横，初具"迷宫原型"。在此之前，大殿惇本殿后边只有一座孤零零的后殿，后殿和它后面的照殿也没有像现在的寿康宫那样连接成工字。

猜想"挪盖"往事

乾隆六十年的工程，令人颇有不解的是内容：为什么一定将原来的惇本殿、祥旭门南移，腾出空间来添加一座殿宇，而不是直接将旧有惇本殿作为毓庆宫前殿，再直接于最前面新添加一座殿宇呢？这里或者存在某些"隐瞒"——只是添建和更换匾额，并无真正的迁建？还是所言就是实情——只是因为惇本殿的规格太过正式，正式得已经无法作为略居内里的中殿之用了？另一个问题是，被挪盖的前殿，是不是可以追踪到康熙时代，还是乾隆八年的作品呢？

马上想到，借助传统的测量，以及乾隆早年的后宫发现王莽嘉量事件或者能够帮助我们找到解答的线索。这个发现，让乾隆仿造新莽嘉量、统一度量衡的努力大张旗鼓地展开了。至于营造尺度，按照"随俗而便民情"的最高指示，乾隆营造尺的长度可以从嘉量的尺度逆推得到，也更直接地刻在现存紫金山天文台的改造圭表的圭面两边——其长 320 毫米。恰恰是因为乾隆九年对于营造尺的统一梳理，使得之前、之后的尺度要求或许有微小的不同，这种微小差异存在的可能性，也体现在乾隆时期工程中对外发画样施工时附带营造尺的举动上。

于是，如果精细测量惇本殿，探究其营造尺的长度，我们就有可能知道惇本殿是不是长着一副"康熙骨架"或是"乾隆八年骨架"，进一步就有可能探讨礼仪大殿与内大殿的规制和尺度比例设计异同。

遗憾的是，或许是乾隆帝太过追寻祖父的脚步，康熙帝当年累百黍得尺、厘定黄钟，乾隆帝也是照方抓药"以律起量，而以营造尺命度"。具体到惇本殿案例中，2014 年北京国文琰信息技术有限公司综合运用三维激光扫描、全站仪和手工测量所完成的毓庆宫一区整体补充测绘，验算出营造尺长为 321 毫米。1 毫米的差别能说明问题吗？研究者不得不在这条道路上停下了脚步。当然，还有不同年代木材材种的使用也可能帮助我们。明代不是用楠木吗？清代不是更多地采用松木吗？从康熙到乾隆会有差别吗？同样遗憾的是，2012 年研究工作中采集的 151 件木材样本鉴定到"属"均为硬木松（Pinus sp.）。这种清代惯用的建筑材料依然无法给予我们有效的参考答案。

再接下来，还可以借助的技术手段便是木材年代的鉴定方法——碳十四法和木材年轮学法。探究是否真正"挪盖"，仍旧有待于即将开展的研究。按照笔者浅薄的揣度，惇本殿五间殿的规模可能继承了康熙时的样子，大殿可能还是乾隆八年的作品。

① 参见毓庆宫内现存嘉庆六年《御书毓庆宫述事》："毓庆宫，雍正年间，皇考及和亲王亦曾居此。乾隆间，予兄弟及侄辈自六岁入学，多居于此宫，至成婚时，始赐邸第，此数十年之定则也"。载路成兰，《毓庆宫的三次改建与清代建储》，《中国紫禁城论文集第三辑》，紫禁城出版社，2004 年。

② 中国第一历史档案馆藏，《内务府奏销档》，胶片 69。

③ 中国第一历史档案馆藏，内务府奏销档（乾隆八年十一月二十一日）

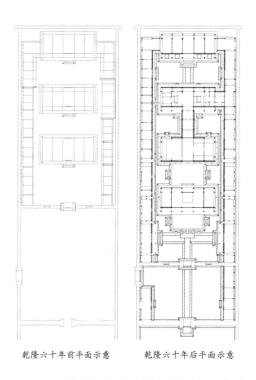

乾隆六十年前平面示意　　乾隆六十年后平面示意

毓庆宫总平面图与现状对比示意图

太子宫的规制

回过头来，还可以再咀嚼一下乾隆六十年的时候为什么一定要将惇本殿"往前挪盖"而增加一座殿宇的原因。

前推数年，当乾隆帝认准永琰，准备"周甲归政"传位皇太子时，他其实并不打算就此真的搬进20年前就已经改建好的太上皇宫宁寿宫养老，而是希望继续居住养心殿训政。顺理成章地，他选中了当年康熙时就作过太子宫的毓庆宫给未来的嘉庆帝作过渡居所，于是也就有了毓庆宫在乾隆六十年（1795）的大规模改建。

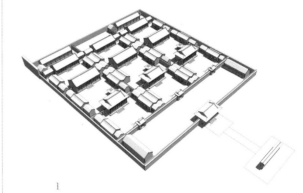

1

改建后的毓庆宫在规格上至少不应低于普通皇子居住宫院吧！至于皇子宫，可以举故宫东路的南三所为例。南三所成于乾隆十一年（1746），嘉庆皇帝曾于乾隆四十年至六十年（1775~1795）在中所居住。南三所的规格制度完全可以作为乾隆朝皇子居所的典范。后来嘉庆帝以皇帝的身份从这里搬家到毓庆宫新宫殿，定然不应当是简单的"平级调动"，至少应当更上一步台阶。

南三所各所前殿保留至今。根据现状痕迹和样式雷图样的反映，大殿三间，殿中陈设宝座，是地位最尊崇的礼仪场所。到了毓庆宫，延续乾隆八年的为太子准备下的规模，前殿是五间。

1. 故宫南三所总体布局鸟瞰图
2. 样式雷绘制南三所地盘样摹本
3. 样式雷绘南三所地盘样之中殿局部

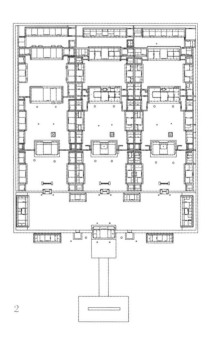

2

细细端详这座为未来君主配备的五间殿，一些比例关系值得玩味：

第一，进深方向上，屋架总高23尺为檐柱净高11.5尺之2倍，因此可以画出一组高度倍数控制线；

第二，沿着面阔方向上的剖面，两山踩步金之间的距离为48尺，而如果正中最高计算至扶脊木上皮（扶脊木高度约略1尺），此处高度为24尺，如果檐下高度计算至平板枋上皮——平板枋高实测均值163.9毫米，折合5寸，则斗栱之下木作高度为12尺，那么便存在一个4：2：1的格网关系；

第三，正立面上控制屋檐高度的、算上斗栱高度的"檐柱通高"尺度为13.75尺，与通面阔56尺相比，约为1/4，其间差异仅2寸5分；

第四，侧立面方向上，通进深26尺加上前后檐斗栱出跳各1尺2寸，合计28尺4寸，与檐柱通高13.75尺之间虽无简明比例关系，但如果计算至挑檐檩上皮约计14.35尺——挑檐檩高实测均值215毫米，去金盘后折合6寸，则约略存在2：1的关系，构成两个并置的正方形。

再说南三所各所中殿。样式雷图样中也有这座殿的内容。殿开间五间，明间后部设大灶，西二间设万字炕，东二间为暖阁，是满族传统的室内格局。到了毓庆宫中，这座殿就被唤作"毓庆宫"，也是五间的规模，和南三所中殿相当；最为有趣的是毓庆宫殿内东边空间内至今保留着设顺山炕，即溥仪所谓"靠西墙"的"一溜炕"，隐约看得出南三所中殿U字形万字炕的痕迹；经历了那么多历史变故之后，二者仍然形成良好的呼应。

南三所各所后殿五间，是生活起居的空间。与之形成对应的，应当是五间的继德堂。当然，还有南三所和毓庆宫中再北的后罩

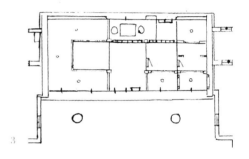

房。比起前两座大殿，后来成为迷宫最主要空间的后面的房子，原来也便只是后人的趣味。

这样看来，乾隆末年的这个改造举动，使得毓庆宫一区建筑规制至为严整，从建筑群体布局、单体形式和室内装修各个方面全然出乎严禁的考虑。

惇本殿"往前挪盖"而非简单调整建筑形式，原因首先在于惇本殿原本就地位崇高，大木结构、内檐装修已经完全具备前殿的条件而不适应中殿的制度，不宜通过降低斗栱做法、重装室内等手段调整殿宇等级；其次在于在乾隆初年的毓庆宫布局中，中殿形式完全缺失，迁建现有、鼎新所缺的工作量与大规模改造现有、鼎新所缺相比，工作量并未实质性增加。

无论这个挪盖的主意是谁出的，拍板的一定是皇帝，规制更得老爷子定。看来耄耋之年的乾隆皇帝脑筋一点也没有糊涂。■

正谊明道——上书房与清代皇子读书生活

文／李思楚

上书房对清代皇族子弟的培养是相当成功的。清代皇帝除幼年登基者外，都曾就读于上书房。

与其他朝代相比，清代的皇子们普遍受过更良好的教育。一方面，是由于清代皇室子弟经常需要在朝廷政治事务中扮演重要角色，因此也需要更多的文化知识；另一方面，这也与康熙以后确立的秘密建储制度有关。

乾隆帝写字像

清人画 嘉庆帝行乐图轴（局部） 故宫博物院藏

前朝皇室通常只用心培养太子一人，刻意忽视其余皇室子孙，以示名分区别，防止宗室王公争位。万一由于特殊情形而不得不更换太子，新册封的太子往往并未受过充分的教育。在秘密建储制度下，皇室通常并不公开宣布哪位皇子会成为下一任皇帝，因此"太子"这个概念不复存在。秘密建储最初的用意显然是避免皇子们争夺皇位而引起祸乱，但同时也有附带的好处：每个皇子都被视为潜在的接班人，不分高低一律进入书房读书，在良师的指导下被精心培养。

因此，清代的皇子教育制度远比前代更加周密。在这样的制度环境下，他们的读书生活究竟是什么样子呢？

清代文献中提到的"书房"，主要包括上书房和南书房，"儒臣直内廷，谓之'书房'，上书房授诸皇子读，尊为师傅；南书房以诗文书画供御，地分清切，参与密勿。"（《清史稿列传五十八》）南书房是皇帝与儒臣近侍们赏玩文墨的场所，上书房则供皇室子孙读书学习之用。

清初的上书房位于西华门内的南薰殿，雍正时期移至乾清门内东侧南庑，共五间，内有三层，空间广阔，能容纳数十位皇子皇孙读书学习。上书房内藏有百余种、万余册图书可供皇子和师傅们使用。除了《四书》、《五经》等基础读物，还包括《朱子全书》、《十三经注疏校勘记》等学术著作，以及《皇朝开国方略》、《八

旗通志》等本朝政书。皇子们经过数年至数十年的刻苦学习，不仅能够具备经史文艺素养，也可培养治国才干。

清代皇子通常六岁即入上书房读书开蒙，他们要学习的内容包括汉文、满蒙文和骑射。其汉文师傅通常从翰林出身、文学优赡的京官大员中选用，满蒙文和骑射师傅则由满蒙臣僚中专业娴熟者充任。

清代家法，对皇子们要求十分严格，他们在上书房内的读书生活是相当艰苦的。对此，不仅有皇子与师傅们自己的记述，还有局外旁观者的证言。曾在军机处行走的学者赵翼，在值班时亲眼目睹皇子们入书房上课的情形："余内直时，届早班之期，率以五鼓入，时都院百官未有至者，惟内府苏拉往来。黑暗中残睡未醒，时复依柱假寐，然已隐隐望见有白纱灯一点入隆宗门，则皇子进书房也。"

正如赵翼所见，上书房的"学生"们寅时（凌晨3-5点）到书房早读，他们的师傅卯时（早上5-7点）到来，正式开始上课，午时（上午11时－下午1时）放学，但放学后仍可在此读书。赵翼对此感慨地说："吾辈穷措大专恃读书为衣食者，尚不能早起，而天家金玉之体乃日日如是。既入书房，作诗文，每日皆有课程，未刻毕，则有满洲师傅教国书、习国语及骑射等等，薄暮始休。然者文学安得不深？武事安得不娴熟？宜乎皇子孙不惟诗文书画无不擅其妙，而上下千古成败理乱已了然于胸中。"

由于每位皇子都有专门的师傅负责教育，因此师傅与"学生"们形成了相当密切的关系。皇子们希望在皇位争夺战中得到有力的援助，因此对师傅相当尊敬，言听计从。师傅们也希望自己的"学生"能够成为下一任皇帝，因而为"学生"的学问和前途尽职尽责，费尽心血。据说，咸丰帝之所以能够登基，就是出自他师傅杜受田的权谋运作。而咸丰帝感恩戴德，投桃报李，让杜受田享受最高级别的优待，咸丰朝唯有他一人获得最高的谥号——文正。

不过话说回来，皇子读书的制度虽然严格，执行起来却也相当困难。上书房的"总师傅"往往是年高德劭的老臣，如果每日都要早起到书房督促皇子学习，年纪衰迈的老人家确实难以坚持。因此，总管上书房事务的"总师傅"往往挂名而不常到，皇帝对此也是体谅和默许的。

至于各皇子们的师傅，他们被授予"上书房行走"的头衔时，原来的职务并不取消。这一点使得他们除了需要来上书房教导皇子外，还需处理他们的本职工作。有些师傅们兼任要职，如军机大臣、大学士、各部尚书侍郎等等。既然师傅们职务繁忙，通常也不会每天都到上书房来。

乾隆五十四年（1789）二月三十日至三月初六日，整整七天的时间里，上书房居然没有一位师傅上班。得知此事的乾隆帝大怒，说："皇子等年齿俱长，学问已成，或可无须按日督课。至皇孙、皇曾孙、皇元孙等，正在年幼勤学之时，岂可少有间断？师傅等俱由朕特派之人，自应各矢勤慎，即或本衙门有应办之事，亦当以书房为重。况现在师傅内多系阁学翰林，事务清简，并无不能兼顾者，何得旷职误公，懈驰若此！均著交部严议。"最后，年迈的嵇璜和兼任军机大臣的王杰得以从宽处理，刘墉以下十余位师傅以旷职被降级，两位满洲师傅则被处以杖刑。

不管怎么说，上书房对清代皇族子弟的培养是相当成功的。清代皇帝除幼年登基者外，都曾就读于上书房。他们的文化和行政素养相当出色，手握大权时能够乾纲独断，将国家事务运作得井井有条。而出身皇子皇孙的亲王、郡王、贝勒等，往往也曾经过上书房的精心培养，人才辈出，有些杰出者成为皇帝的重要帮手。

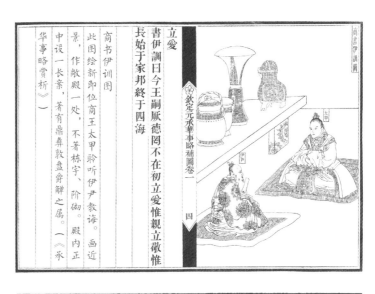

欽定元承華事略補圖卷一　四

立愛

書伊訓曰今王嗣厥德罔不在初立愛惟親立敬惟長始于家邦終于四海

商書伊訓圖

此圖繪新即位商王太甲聆聽伊尹教誨。畫近景，作敬殿一處，不著棟宇、階砌。殿內正中設一長案，著有鼎彝敦盤爵觶之屬。（《承華事略賞析》）

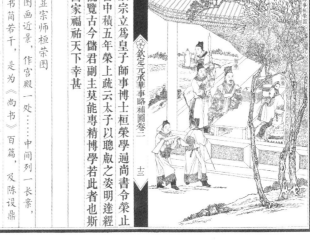

欽定元承華事略補圖卷三　三

漢顯宗立爲皇子師事博士桓榮學通尚書令榮止宿宮中積五年榮上疏云太子以聰叡之姿明達經義觀覽古今儲君副主莫能專精博學若此者也斯誠國家福祐天下幸甚

汉显宗师桓荣图

此圖畫近景，作宮殿一處……中間列一長案，著書簡若干，是为《尚书》百篇，及陈设鼎彝之属。（《承华事略赏析》）

欽定元承華事略補圖卷三　五

擇術

晉元帝立子紹爲太子帝好刑名家以韓非子賜太子庾亮諫曰申韓刻薄傷化不足留聖心太子納之

晋庾亮谏太子好韩非子图

此圖畫近景，作宮庭一處……前設一案，案上著書子本书二十束，是为《韩非子》。（《承华事略赏析》）

《承华事略》插图
引自《承华事略赏析》

然而，近代中国面临严重的危机，在关键的时刻，本来运行良好的上书房制度也突然陷入了前所未有的危机——晚清的皇子实在太少了。咸丰帝仅一子（即同治帝），其后的同治、光绪、宣统皇帝均无子女。晚清在咸丰以后长达 60 年的时间里竟不存在一个皇子。清朝立国以来过分依赖皇帝和亲王的中央政治体制，面临潜在的危机。

从同治帝即位到光绪帝戊戌变法前，军机处、总理衙门等中枢权力机构由咸丰帝的几个兄弟——恭亲王奕䜣、醇亲王奕譞、惇亲王奕誴——掌握。上述诸王均系道光帝之子，都有入上书房读书的经历，才识可靠，其中恭亲王奕䜣更是素著贤名。他们与曾国藩、左宗棠、李鸿章、张之洞等洋务领袖和衷共济，共同领导了自强、求富的洋务运动，在史称"同光中兴"的这段时期功不可没。

1　　　　　　　2　　　　　　　　　　3　　　　　　4

然而随着上述诸王的衰老和逝世，主管军机处、总理衙门、内阁的几位王公——端郡王载漪、庄亲王载勋、辅国公载澜、庆亲王奕劻——他们的身份并非皇子，而是近支宗室王公，或远支世袭罔替的所谓"铁帽子王"，因此并无资格入宫就学。从小在王府长大，在学业上无人督促，这样的经历令他们的才能和见识较之前辈王公大为逊色。载漪、载勋、载澜不学无术，见识短浅，迷信义和团所谓"神功"因此误国；奕劻与其子载振贪腐堕落，丑闻迭出，大失民心。

上书房的最后一位学生——光绪时期被称为"大阿哥"的溥儁，是端郡王载漪之子。他虽非皇子，但在戊戌政变后被慈禧视为光绪帝的接替者入宫培养。可惜的是，他与载漪信任义和团，俨然成为拳民领袖。在八国联军侵华时期，载漪和溥儁被视为祸首，驱逐出宫。从此，上书房形同虚设。

1906年，慈禧与重臣意识到宗室子弟不学无术的问题会成为未来的大患，于是成立"贵胄学堂"令王公大臣子弟就学。然而此时清朝的国祚已只剩五年，并不足以培养一个可靠的统治核心。

最终，清朝还是亡在了能力有限的摄政王载沣手里。载沣和他的"皇族内阁"成员，并无一人曾在上书房接受教育。

回顾上书房的光荣岁月和凄凉晚景，怎能不令人感慨万千？🔖

5　　　　　　　6　　　　　　　7　　　　　　　8

1. 康熙帝写字像轴
2. 雍正帝朝服读书像轴
3. 乾隆帝朝服读书像轴
4. 嘉庆帝朝服读书像轴
5. 道光帝朝服读书像轴
6. 咸丰帝朝服读书像轴
7. 同治帝写字像轴
8. 光绪帝写字像轴

养心殿

在这里

曾经的拥有者，勾勒着政通人和，陶渊明式的文人生活

在这里

印刻着惊心动魄的政治兴变，与叱咤风云的征战宣言

在这里

江山是上下数千年遗落的书页

这方寸之地

便是帝王人生的舞台背后

最私密的过往记忆

耽书宿缘？

唯书能言……

在这里

我们读懂书房拥有者曾经的梦想

这里

在变革的洗礼之后

已成为文化的传承之地

作为紫禁城最显赫的空间之一

皇帝的书房

必定在历史的发展进程中

留下浓墨重彩的痕迹

宫中书斋

除功能性较强的藏书楼、私塾和值房，宫中还有很多为读书之乐而修建的书斋，多建于外朝宫室和花园之中。

养心殿区书斋

三希堂

三希堂，养心殿西暖阁梢间内一小室，原名曰温室，乾隆皇帝将王羲之《快雪帖》、王献之《中秋帖》、王珣《伯远帖》视为稀世之珍收藏于此，易名曰三希堂。临窗设地炕，炕上宝座面西，东墙上悬有乾隆御书"三希堂"匾。堂后室，以蓝白两色几何纹图案方瓷砖铺地，西墙上通天地贴落《人物观花图》，画中模仿的室内装修及地面与建筑连为一体。

三希堂 多尔衮绘

随安室

随安室，乾隆帝在题此室诗注中表明："御园及行宫书室率题此额，犹弗忘昔之意也。"

随安室匾

明窗

明窗，为乾隆帝冬日三月读书处，咏明窗诗中多有表述，如："冬日诚衰日，三余乐岁余。晏温浮碧网，迟丽度朱疏。把卷忘言处，含毫得句初。"

长春书屋

长春书屋，位于养心殿西暖阁后西室。

宁寿宫区书斋

墨云室

墨云室，养性殿西暖阁尽间西侧小室，乾隆年间建养性殿时仿养心殿三希堂所设，时适得古墨，以此为室名。为养性殿内温室。现原装不存。乾隆帝称："予构筑养性殿于宁寿宫，一如养心殿之式。养心殿西暖阁之温室，昔名之曰三希堂，未可移之养性殿而名之也。兹适得此古墨，即可以'墨云'名此室。盖三希为内圣外王之依仁，墨云为含英咀华之游艺，适合养性。"

乾隆款墨云室记墨

寻沿书屋

寻沿书屋，庆寿堂一组建筑之一。位于阅是楼后，庆寿堂前。清乾隆三十七年（1772）建。面阔5间，进深1间，前后带廊。卷棚硬山式顶，绿琉璃瓦黄剪边。明间为门，次间、梢间为槛墙，支窗。东西配殿各3间，卷棚硬山式顶黄琉璃瓦。明间开门，次间为窗。装修为步步锦格心。西配殿明间后檐开门接西过道可通至乐寿堂院。乾隆帝曾有御制《寻沿书屋》诗："寻绎黄家语，沿迴学海澜。"慈禧住乐寿堂时，光绪帝每日晨请安侍膳先至此坐候。现建筑完好。

青玉兽纽"寻沿书屋"印

云光楼

云光楼，符望阁前山石西南曲尺形转角楼，清乾隆三十七年（1772）仿建福宫花园"玉壶冰"而建。楼东西3间，南北5间，黄琉璃瓦顶，东为硬山，与萃赏楼西小廊相连，北为歇山顶。前檐出廊，饰以苏式彩画。上下层沿廊东可至萃赏楼，下层北可至符望阁西月亮门，上层沿廊北有石桥可至假山，循山中阶石亦可下至月亮门。楼前假山有洞，内可通至山顶碧螺亭。楼内额曰"养和精舍"，楼下联曰"四壁图书鉴今古，一庭花木验农桑。"其东为佛堂，额曰："西方极乐世界安养道场。"室内有联数楹。乾隆、嘉庆两帝均作有《养和精舍》诗。现建筑完好。

倦勤斋

倦勤斋，此斋依建福宫中敬胜斋为之，联为"经书趣有永，翰墨乐无穷"。

倦勤斋匾

明窗

明窗，为乾隆帝设想归政后临帖之所："欧阳修引汤舜钦之言云：明窗几净，笔砚纸墨皆极精良，亦自是人生一乐……余倦勤后果能坐此临帖，岂非人生大乐乎！"

长春书屋

长春书屋，养性殿西暖阁墨云室后室，仿养心殿长春书屋建。联为"花鸟引机绪，诗书蕴道亥"。

随安室

随安室，乾隆帝咏诗："廿五前随安，读书乐群诚多欢……期八旬有五归政，仍是室也心应宽。"

三友轩

三友轩，乾隆帝诗咏："健藏书室识宝重，窗外延客霜其眉"，"触目无非远尘俗，会心皆可人研覃。"

毓庆宫区书斋

味馀书室

味馀书室，即毓庆宫后店东次室，清嘉庆帝御书匾，原为书房，嘉庆帝即位后，以此为斋宿之室，"味余书屋予昔年书房旧额，今移至此室。"

味馀书室匾

知不足斋

知不足斋，毓庆宫后殿味馀书室又一东室，清嘉庆帝御题匾，乃沿杭城鲍氏藏书室名。知不足斋主人鲍廷博为安徽歙县人，后迁居浙江嘉兴，乾隆、嘉庆年间大藏书家。"斋名沿鲍氏，阙史御题诗。集书若不足，千文以序推。"

知不足斋匾

御花园区书斋

绛雪轩

绛雪轩，位于御花园东南隅，坐东面西5间，前接抱厦3间。平面呈"凸"字形，黄琉璃瓦硬山顶。轩门窗为楠木本色，柱、框、梁、枋饰斑竹纹彩画，联为"东壁焕图书琳琅满目，西清瞻典册经纬从心"。

绛雪轩匾

重华宫区书斋

翠云馆

翠云馆，重华宫第三进院，为后殿。面阔5间，进深1间，黄琉璃瓦硬山式顶，明间开门，余皆为窗。内东次室匾曰长春书屋，乾隆三十六年（1771）重修，黑漆描金装修，甚精美，为乾隆即位前读书处。有东西配殿及东西耳房。

碧玉龙纽"翠云馆"印

静憩轩

静憩轩，漱芳斋前殿东次室额。清乾隆七年（1742）御题。原为旧时读书处。乾西头所改成后，随改。现匾不存。

碧玉辟邪纽"抑斋"印

浴德殿

浴德殿，重华宫西配殿。面阔3间，进深1间，黄琉璃瓦硬山式顶，檐里装修，明间开门，次间辟窗。殿内额曰"抑斋"，为乾隆帝书室。南接耳房2间，北接耳房3间。

浴德殿匾

建福宫区书斋

敬胜斋

敬胜斋，建福宫花园内建筑之一。位于延春阁北，南向，后临宫墙，东为吉云楼。斋面阔9间，硬山式顶。上阁匾曰"旰食宵衣"，阁下西室匾曰："性存"，斋西室匾曰："德日新"。西室有门与斋西4间相同。斋为藏书及读书处。民国二十二年（1923）毁于火。现已复建。联曰："常有图书伴，如承师保临"。

（引自《故宫辞典》，故宫出版社，2016年）

共欣穹宇中秋月
——
三希堂的空间构思

文／张淑娴

三希堂用通透的装修、通景画和镜子扩大了空间的感受，加以墙面绘画、挂件等装饰，把室内装点的精致而巧妙。

三希堂，位于养心殿西暖阁，此处原为温室。乾隆十一年（1746），因"内府秘笈王羲之快雪帖，王献之中秋帖，近又得王珣伯远帖，皆希世之珍也，因就养心殿温室易其名曰三希堂。"（《三希堂记》）乾隆皇帝御笔亲书"三希堂"匾额，悬于御座上方。他还撰写了《三希堂记》，又下旨让董邦达绘制"三希堂记山水画"一幅贴在三希堂内。①

①乾隆十一年"二月表作，初五日，七品首领萨木哈来说，太监胡世杰传旨：三希堂画一张，著镶五分髋万字文锦边出瓷青小线。钦此。于本月初六日，太监赵近御持出御题董邦达画三希堂记山水大画一张。于本月初八日，七品首领萨木哈将御题董邦达画三希堂记山水画一张，镶得锦边小线持进贴。讫。"《清宫内务府造办处档案总汇》（以下简称《总汇》）第14册，北京，人民出版社，2006年，页567。

三希堂

清董邦达 三希堂记意图轴 故宫博物院藏

士希贤，贤希圣，圣希天（周敦颐语）。
若必士且希贤，既贤而后希圣，已圣而后希天，
则是教人自画终无可至圣贤之时也。

　　三希堂是乾隆皇帝赏画、读书的地方，乾隆皇帝曾说道："朕自幼生长宫中，讲诵二十年，未尝稍辍，实一书生也。"看书赏画是他的爱好，尤其喜爱王羲之的书法，他认为王羲之的墨迹字势雄逸，如龙跃天门，虎卧凤阁。他在欣赏王羲之《快雪时晴帖》后曾跋云："王右军《快雪帖》为千古妙迹，收入大内养心殿有年矣。予几暇临仿不止数十百过，而爱玩未已，因合子敬《中秋》、元琳《伯远》二帖，贮之温室中，颜曰'三希堂'，以志稀世神物，非寻常什袭可并云。"（《石渠宝笈》）因此辟室以赏之。冠以"三希"之名并非仅因藏有名帖，乾隆皇帝的老师蔡世远先生的堂号曰"二希堂"，蔡世远曾说"士希贤，贤希圣，圣希天（周敦颐语）。或者谓予不敢希天，予之意非若是也"，是敬仰北宋范仲淹（希文）、南宋至德秀（希元）的为人。乾隆皇帝则云："若必士且希贤，既贤而后希圣，已圣而后希天，则是教人自画终无可至圣贤之时也。"（《三希堂记》）作为一位文人皇帝，儒家"内圣外王"的思想更是他人生的追求，以修养心性而达"内圣"是他的理想。因此，尽管他将三帖视为"虽丰城之剑合浦之珠，无以逾此"，但最终还在于"三希为内圣外王之依，正符养心"，以此实现"希贤、希圣、希天"之志。

　　为了满足赏画读书，以物言志的需求，乾隆皇帝对三希堂进行改造，修改窗户、槅扇及室内陈设，绘制通景画。乾隆二十八年（1763），他觉得原来的三希堂室内装饰不尽如人意，于是重新装修，在三希堂地面铺设瓷砖，重绘通景画，室内安曲尺壁子，制作家具及陈设，绘制贴落，裱糊窗户、墙壁（参见《总汇》）。至此，三希堂的内檐装修和陈设除了后来拆除了曲尺壁子外基本定型，直至清末未有大改。

空间分割

　　三希堂内部面宽 2100 毫米，进深 6000 毫米，高 2100 毫米。东墙中部开小门与勤政亲贤殿相通，东墙北部开一小门，折入"自强不息"。三希堂内部空间狭小，陈设丰富，乾隆皇帝是如何在狭小的三希堂进行他的空间构思，用装修构件及墙面装饰，使室内空间精致典雅、趣味无穷而又从视觉上克服狭小空间的限制呢？

　　从勤政亲贤殿进入三希堂，乾隆时期安设了一个凹形曲尺壁子①，壁子用紫檀木包镶，中间开门，悬挂门帘。

①乾隆三十九年十二月二十日，"员外郎四德、库掌五德、笔帖式福庆来说，太监胡世杰传旨：养性殿三希堂照养心殿三希堂门外曲尺一样配曲尺，其闲余板不必成做。钦此。"《总汇》第 37 册，页 699。

1. 三希堂前间
2. 三希堂后间
3. 从三希堂看勤政亲贤殿

扫瞄二维码，进入养心殿。
进门左转，进入三希堂。

乾隆三十年，油木作，十一月，十七日催长四德、笔帖式五德来说，太监胡世杰传旨：养心殿西暖阁三希堂现安曲尺上著做包镶紫檀木三面壁子一件，再做二面红猩猩毡软帘一件，沿石青缎大小边。钦此。于本月十八日，催长四德将做得包镶紫檀木壁一件，二面猩猩毡软帘一件，持进安讫。（《总汇》）

三希堂是乾隆皇帝的私人空间，他不愿意让受到召见的大臣窥视他的秘密空间，因此在门外安置一座曲尺壁子，以阻挡视线的直视。

三希堂分为前后两部分，前部长 2300 毫米，后部长 3700 毫米。在空间的分割上，前后部分没有平均分割，而是基本符合 0.618 的黄金分割比例。黄金分割是西方的美学概念，清朝的统治者并不知晓，不过黄金分割的比例关系是在长期的实践和视觉感受中总结出来的，东西方虽然对于美学所使用词汇和概念不同，而对于美的认知几乎相同，黄金比例是空间分割最合乎科学和视觉美学的比例关系。这样一来前后间的空间分割，视觉感受非常舒适，没有头重脚轻或头轻脚重的不稳定感，视觉美在空间分割中自然产生出来。

三希堂透视图 引自《紫禁城 100》

①视角、由门口向三希堂内部望

南部安设高矮炕，乾隆皇帝的坐榻就安在这里，炕沿镶嵌楠木双螭虎纹炕沿板。

乾隆三十年，油木作，十一月初二日，催长四德笔帖式五德来说，太监胡世杰传旨：养心殿西暖阁着做双螭虎楠木床挂面板一块。钦此。于本月初三日，催长四德、笔帖式五德，将画得西暖阁双螭虎床挂面板纸样一张，持进交太监胡世杰呈览。奉旨：照样准做，其双螭虎头要对着做。钦此。于本月初五日，催长海升将做得楠木双螭虎挂面板一块持进安在西暖阁。讫。（《总汇》）

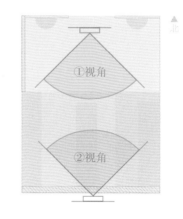

炕沿板上雕刻螭虎纹，虎头螭尾，双头相对，虎目圆睁，螭尾卷曲，威武严肃，苍劲有力，具有王者风范。

前后间之间用槛窗相隔，楠木槅扇雕刻玲珑剔透的金线如意纹，夹纱，玲珑窗格让室内隔断无厚重死板之感，而显得轻盈精巧，适合装修小型空间。秘不透光的里间也能透过薄纱窗格隐约见到光线，通过槛窗中间的门口和窗格薄纱的透视也使得内外空间合为一体。

槛窗上安设两块闲余板。

乾隆三十一年，油木作，十月，十二日，催长四德、笔帖式五德来说，太监胡世杰交旨：三希堂坎窗上着做紫檀木半圆闲余板二件，先做样呈览。钦此。于本月十四日，催长四德、笔帖式五德将做得半圆竹式闲余板木样一件，持进交太监胡世杰呈览。奉旨：照样准做。钦此。于本月二十三日，催长四德、笔帖式五德将做得紫檀木竹式半圆闲余板二件持进安讫。（《总汇》）

闲余板，看似是闲置多余的木板，其实不然，闲余板是搭置在墙壁、槅扇裙板或窗台下的板子，正如现代的墙上安装的隔板，悬置在墙壁上，利用纵向空间，不占横向空间面积，三希堂空间很小，没有地方放置桌案，为了放置物品，制作了两块小巧的半圆形闲余板，镶嵌在坎窗上，可放置小型器皿，起到桌几的作用，紫檀木雕刻竹节纹饰，深沉的紫檀色闲余板和浅棕的楠木色坎窗，深浅搭配，相得益彰。

房间内安装了三重轻盈的紫檀飞罩，透雕夔龙花牙。一槽位于前间炕沿上方，作为炕的炕罩。二槽位于后间门的南部和北部，中间西墙装饰通景画。三槽飞罩分别各处不同的装饰空间，而细小的夔龙花牙安在房间顶部，若隐若现，虽起到空间虚隔的象征作用，又不阻挡视线，既可装饰空间，又可营造重重帷幕的视觉效果，加强了空间的进深感和层次感。

②视角，由窗外向三希堂内部望

三希堂通景画

通景线法画

进入三希堂，迎面用夔龙飞罩隔出一间小小的房间，地面贴着青花八宝瓷砖，墙壁和顶棚糊饰团花纹壁纸，两面墙上各四扇金线如意棂花槅扇窗，顶棚、地面、坎窗、飞罩均与三希堂相同。正中一座圆洞门通往室外的花园。花园中，古树瘦石，梅花绽开。远处重峦叠嶂，一长一少两名男子漫步走来，少年手持折枝梅花，长者向少年传递着某种信息。这个由三希堂延伸出去的空间实则是一幅绘画，它是中国宫廷画家金廷标和西洋画师郎世宁共同绘制的通景线法画。

乾隆三十年如意馆，十一月十二日，接得郎中德魁等押帖一件，内开本月初八日太监胡世杰传旨：养心殿西暖阁三希堂向西画门，着金廷标起稿，郎世宁画脸，得时仍着金廷标画。（《总汇》）

通景线法画是清宫用于建筑装饰的一种绘画形式，它源自于西方建筑装饰方式，运用西方绘画技法。通景线法画就是与建筑的室内地面顶棚装修相呼应的具有西方绘画透视效果的整面墙或顶棚墙壁相连的绘画。

三希堂东西墙相隔仅 2100 毫米，进门眼前就是一堵封闭的墙壁限制了人们的视线，为了解决视觉上的压抑感，乾隆皇帝在西墙上绘制一幅通景线法画。

在三希堂设立之初，这里也有一幅通景线法画，画风与现在的这幅大不一样。

乾隆十四年，如意馆，四月二十八日，副催总持来司库郎正培、瑞保押帖一件，内开为十四年二月初十日太监胡世杰传旨：养心殿西暖阁向东门内西墙上通景油画，着另画通景水画，两旁照三希堂真坎窗样各配画坎窗四扇，中间画对子一副，挂玻璃吊屏一件，下配画案一张，案上画古玩。画样呈览，准时再画。其油画有用处用。钦此。本日，王幼学画得水画纸样一张。太监王紫云持去交太监胡世杰呈览。奉旨：款式照样准画，对子画骚青地泥金字，墙上颜色、顶棚颜色一样。钦此。于本月十一日，郎正培等奉旨：通景画案下，着郎世宁添画鱼缸，缸内画金鱼。钦此。于本月十六日，太监胡世杰传旨：将中间玻璃吊屏内衬骚青地，着郎世宁画水画，骚青对子上亦罩玻璃，其玻璃着造办处选好的用。钦此。（《总汇》）

乾隆十四年（1749）绘制的通景画，画中描绘了一幅室内小景，室内顶棚、地面均与三希堂相同，两边墙上按照三希堂真坎窗样各配画坎窗四扇，中间骚青地泥金字对子一副，对子用玻璃罩上，挂玻璃吊屏一件，吊屏内衬骚青地，下配画案一张，案上画古玩，案下郎世宁画鱼缸，缸内画金鱼。画中的顶棚、地面、坎窗与三希堂槛窗槅扇式样相同，使得室内空间与绘画起到通景效果；画面中间画对子、吊屏、画案、案上古玩、案下鱼缸和金鱼，是当时皇宫室内装饰的通用的手法，也是乾隆皇帝喜爱的题材，在很多的宫廷生活绘画中都有表现。

到了乾隆二十八年，重新装修三希堂，三希堂铺设瓷砖地面，原来的通景画与改造后的室内景象不相匹配，乾隆皇帝遂下旨，"养心殿西暖阁通景画上地面，着王幼学接画磁砖。"（《总汇》）后又下旨重新绘制通景画，将旧的通景画的中间部分绘有对子、古董、桌案、金鱼缸的图案揭去，换画园林人物画，由金廷标起稿并绘制，当时郎世宁年事已高，没有精力绘制通景画，仅画了人物的面部，画面呈现的是中国画的画风。

乾隆皇帝为什么要替换掉原来的通景画呢？原来的通景画表现的是室内的景致，视觉范围有限。新的通景画将人们的视线从室内空间延伸到了外面，通过圆洞门伸向了花园，再透过花园伸向了无限的远方。画中迎面而来的二位男子，传达了深刻的寓意。新绘制的通景画，视觉的无限，心里的遐想，突破了视觉和心理的双重局限，更加深了对画面的无限感受。

镜子

三希堂高矮炕空间南边有窗户直接面对室外，光线充足，内外对景，高炕上放宝座，宝座对面西墙一幅贴落画。矮炕采用怎样的装饰手法构造空间意境并使狭小空间得到延伸呢？如果再用一幅通景画营造扩大空间效果，就与外间的通景画重复，容易产生视觉疲劳和零乱的感受，从心理的角度也不利于聚精会神地欣赏字画和思考。乾隆皇帝则采用了另一种空间构思，就是在西墙上安置了一幅满墙的镜子。

乾隆三十年，油木作，十月十七日，催长四德、笔帖式五德来说，太监胡世杰传旨：着查造办处库贮摆锡大玻璃有几块，查明尺寸呈览，准时在养心殿西暖阁镶墙用。钦此。于本日，催长四德、笔帖式五德，将查得库贮摆锡玻璃二块，内长七尺一寸、宽三尺四寸八分一块，长六尺一寸五分、宽三尺一块，缮写数目单持进，交太监胡世杰呈览。奉旨：准用长六尺一寸五分宽三尺玻璃一块，钦此。于十月十九日，催长四德、笔帖式五德来说，太监胡世杰传旨：养心殿西暖阁镶墙用玻璃一块长六尺一寸五分搭去八寸五分，高要五尺三寸，添配三寸宽紫檀木边，其搭下玻璃有用处用。钦此。赶二十二日要得。于本月二十四日，催长四德、笔帖式五德来说，太监胡世杰传旨：圆明园慈珠宫西间现挂楠木边玻璃镜一件，着取来在养心殿西暖阁用。钦此。……于本月二十六日，郎中达子、金辉带领本作人员将慈珠宫取来玻璃镜一件，配得紫檀木边框，持进养心殿西暖阁安挂讫。（《总汇》）

三希堂镜子

　　三希堂西墙现存紫檀木边镜子高 1940 毫米，宽 1150 毫米，档案记载镜子高五尺三寸、宽三尺，紫檀木边框三寸，通高五尺九寸，约合 1888 毫米，宽三尺六寸，约合 1152 毫米，与现存镜子相符。三希堂现存的镜子是乾隆三十年再次装修时安装的，原计划从库里取用，后来改用圆明园慈珠宫的楠木边镜子换成紫檀木边框，挂在养心殿西暖阁。

　　利用镜子将室内的空间镜像到镜子里，似乎在镜子里又营造了另一个相同的空间，以镜面的这堵墙为中线，东西各为一个相同的空间，室内空间延展了一倍；又可以从镜子里看到身后的景象，让乾隆皇帝尽览室内的布置。

　　利用镜子延展空间的构思，在乾隆时期很时尚，也很盛行。三希堂后部"长春书屋"炕的两边都安置镜子，长春书屋外间的圆光门内也安置了一面墙的大镜子。镜子在空间上与通景画一样起到扩展空间的作用，不同的是镜子镜像的是室内的真实现象，通景画则可以绘制虚拟的空间现象，给人更多的想象空间。三希堂前间和后间分别用镜子和通景画使室内空间在视觉上得到延伸，缓解了空间狭小给人们带来的压抑之感，也丰富了室内装饰，同时镜子和通景画都是虚拟的景象，又造成亦真亦假的幻象。

室内装饰

三希堂地面青花八宝纹瓷砖铺墁，青花瓷砖白色的瓷蓝色的花，地面干净美观，也提高了地面的亮度，使原本灰暗的里间显得明亮了许多①。瓷砖虽华美，但造价高，在紫禁城内很少见到，仅见于碧林馆和三希堂，这两处是乾隆二十八年同时铺设的，可见乾隆皇帝对三希堂的喜爱。

三希堂的墙壁上布满了装饰，有对联、匾额、绘画、挂屏、壁瓶等。

坐榻宝座上方悬挂乾隆御笔"三希堂"匾额，两边贴落"怀抱观古今，深心托豪素"对联。其北面墙上玻璃镜的对面悬挂了几只精致的小壁瓶，壁瓶各式各样，有葫芦瓶、胆瓶、双耳瓶、橄榄瓶、凤尾瓶等式样，釉色又有粉青、釉里红、粉彩、斗彩之别，五彩纷呈，里面插上杂宝制作的花朵，挂在墙上，增加了室内的趣味和立体效果。

这些美丽的壁瓶是乾隆二十八年由景德镇制作的。

乾隆三十年，匣表作，十一月，初三日，催长四德、笔帖式五德来说，太监胡世杰传旨：养心殿西暖阁三希堂对玻璃镜东板墙上，着画各式磁半圆瓶样十四件呈览，准时发往江西照样烧造送来。钦此。于本月初十日，催长四德、笔帖式五德将画得养心殿西暖阁各式半圆磁瓶十四件纸样一张，持进交太监胡世杰呈览。奉旨：着烫合牌样呈览。钦此。于三十一年正月初八日，催长四德、笔帖式五德将做得合牌磁半圆瓶十四件，持进交太监胡世杰呈览。奉旨：准照样发往江西，将花纹釉水往细致里烧造。钦此。（《总汇》）

①乾隆二十九年十二月二十七日"奏销养心殿院内改砌砖墙等工所用银两片"，奏销档272-333；乾隆二十九年十二月二十七日"奏为养心殿拆改围房砖墙工程销算银两事"，奏案05-0222-062。

1. 乾隆款金地粉彩开光花卉诗句纹壁瓶
2. 乾隆款粉地粉彩开光花卉纹壁瓶
3. 乾隆款蓝地描金壁瓶
4. 三希堂炕几（局部）

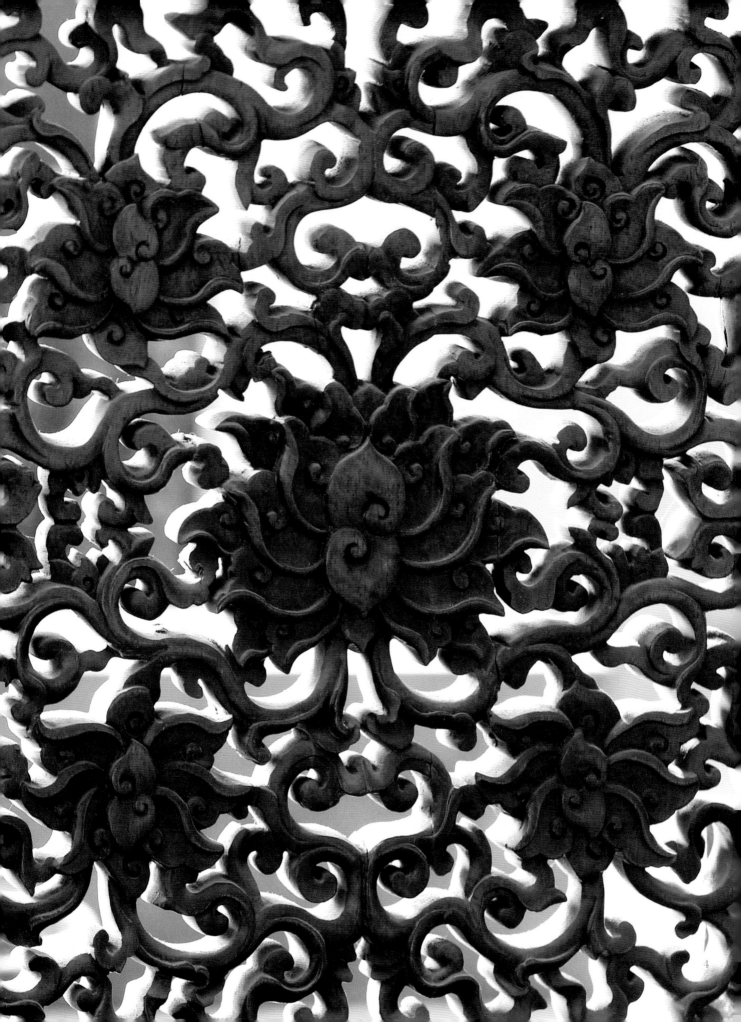

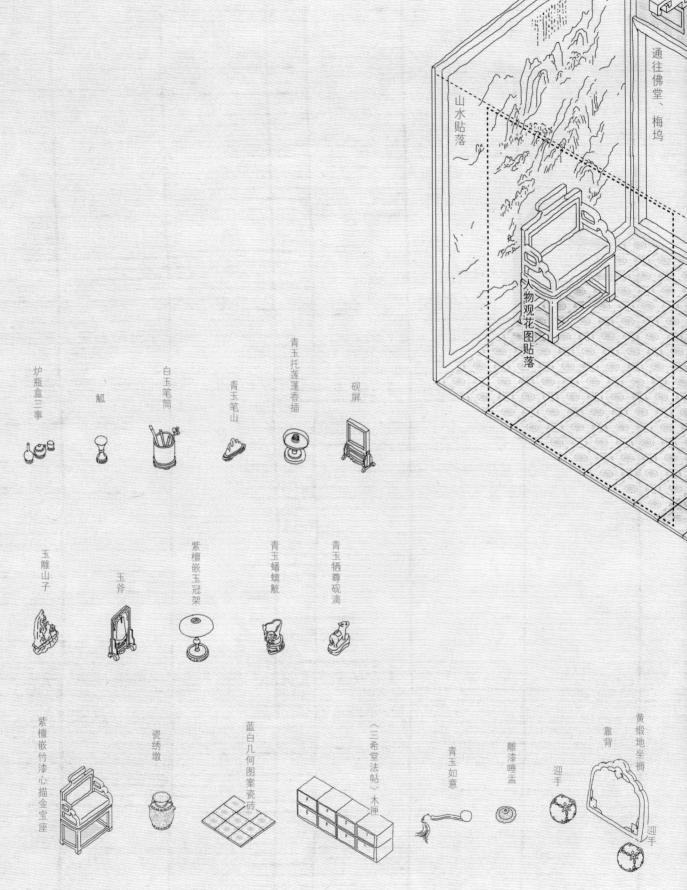

通往佛堂、梅坞

山水贴落

人物观花图贴落

炉瓶盒三事

瓠

白玉笔筒

青玉笔山

青玉托莲蓬香插

砚屏

玉雕山子

玉斧

紫檀嵌玉冠架

青玉蟠螭觥

青玉牺尊砚滴

紫檀嵌竹漆心描金宝座

瓷绣墩

蓝白几何图案瓷砖

《三希堂法帖》木匣

青玉如意

雕漆唾盂

迎手

靠背

黄缎地坐褥

迎手

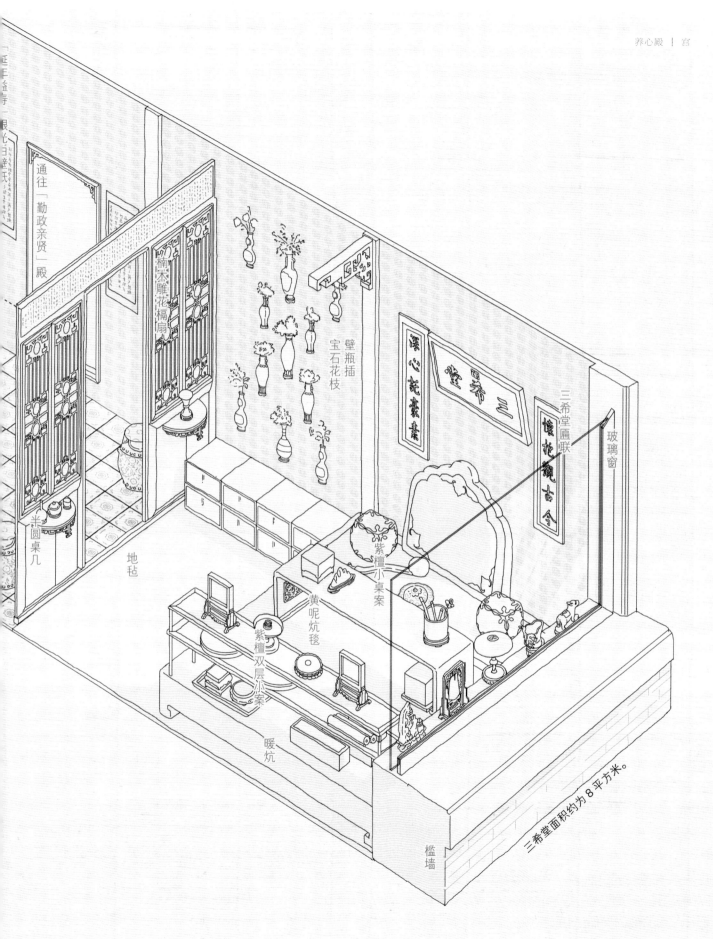

「正大光明」眼心日尊式

通往「勤政亲贤」殿

楠木雕花槅扇

半圆桌几

地毯

壁瓶插
宝石花枝

深心花豪求

三希堂

三希堂匾联

怀抱观古今

玻璃窗

紫檀小桌案

黄呢炕毯

紫檀双层小案

暖炕

槛墙

三希堂面积约为8平方米。

三希堂陈设 引自《紫禁城100》

清 金廷标 三希堂前间西墙山水人物贴落

　　如意馆的画家为三希堂绘制了多幅绘画。

　　乾隆三十年，如意馆，十一月，十二日接得郎中德魁等押帖一件，内开本月初八日太监胡世杰传旨：养心殿西暖阁三希堂……曲尺南面著金廷标画人物，北面著杨大章画花卉，东西二面著方琮、王炳画山水。三希堂对宝座西墙著金廷标画人物。（《总汇》）

　　金廷标、杨大章、方琮、王炳等人都是如意馆著名的画家，为宫廷绘制了大量的绘画作品。

　　宝座对面西墙上贴了一幅山水人物画，是金廷标绘制的，画上乾隆御题的诗句。金廷标是乾隆二十二年（1757）由中国南方官员送进宫内的画家，擅长人物、花卉及肖像，为乾隆朝出色的画家，

清 方琮 三希堂后间北墙山水贴落

乾隆皇帝称其画"七情毕写皆得神，顾陆以后今几人"。

三希堂北墙上贴了一幅布满整面墙的大画，画面层峦竞秀，万壑争锋，是另一位著名的宫廷画家方琮绘制的"仿王蒙松路僻岩图"，方琮师从张宗苍，由其师引荐入宫作画，善画山水。画面上大臣于敏中书写的乾隆御制诗"题方琮仿王蒙松路僻岩图"。这是一幅由皇帝、大臣、画家合力而作的山水画。

地上、炕几、闲余板上放置各类器皿。

三希堂用通透的装修、通景画和镜子扩大了空间的感受，加以墙面绘画、挂件等装饰，把室内装点的精致而巧妙。"室雅何须大"，天地尽纵横，乾隆皇帝在这个小巧玲珑、布置精妙的房间里鉴赏着书圣墨宝，"托兴名物，以识弗忘"，追求着"希贤""希圣""希天"的帝王理想。

1.
白玉兽纽"三希堂精鉴玺"
2.
王羲之快雪时晴帖
3.
王珣伯远帖
4.
王献之中秋贴

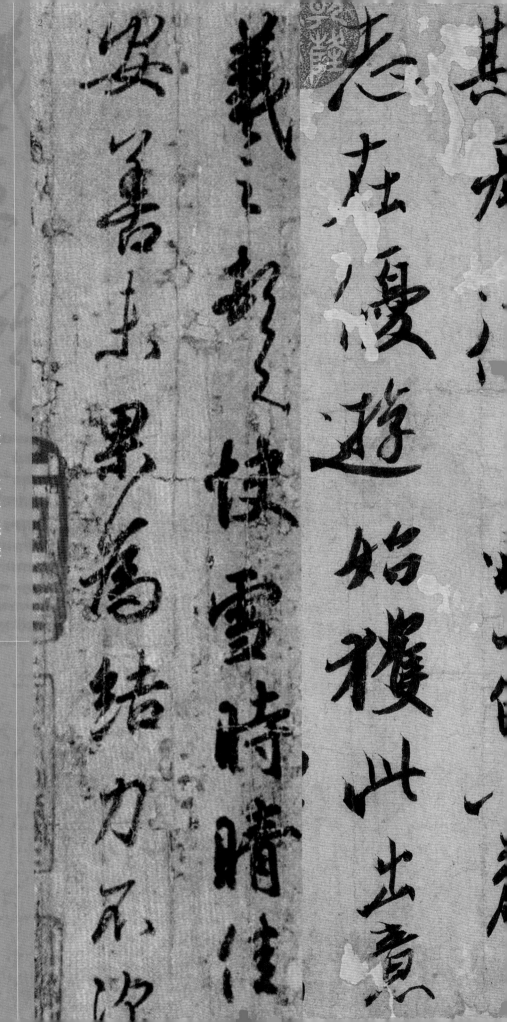

中秋不復不得相

還為即甚省如

何然勝人何慶

等大軍

珂頃與足下分別

人人伯遼謝豚驚鄉

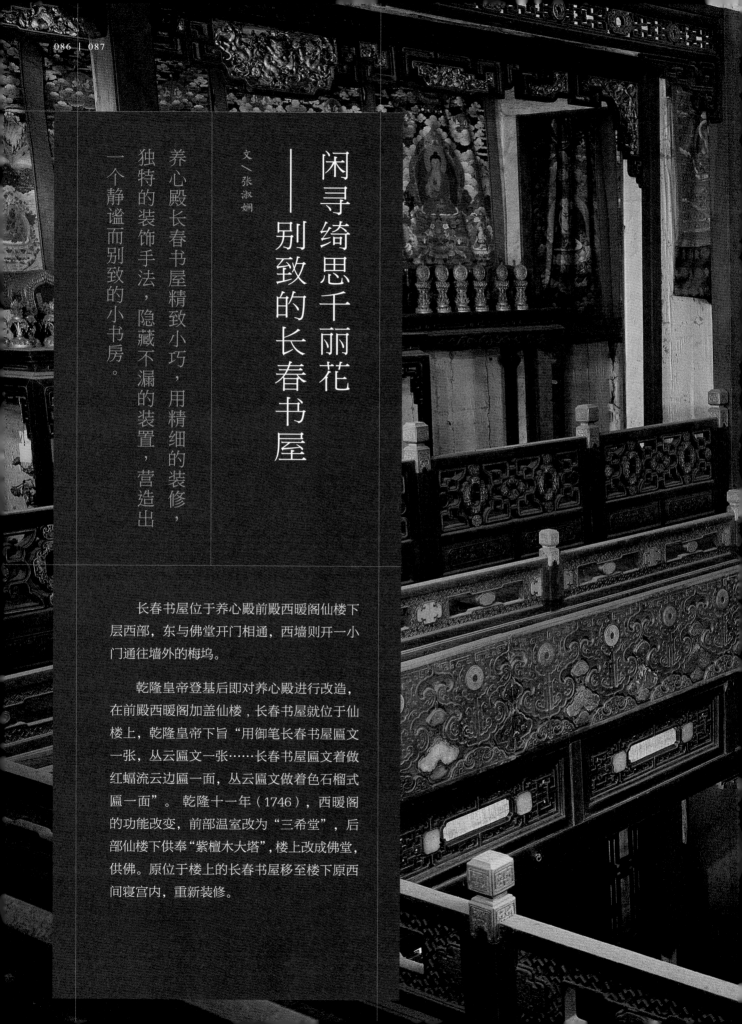

闲寻绮思千丽花
——别致的长春书屋

文／张淑娴

养心殿长春书屋精致小巧，用精细的装修，独特的装饰手法，隐藏不漏的装置，营造出一个静谧而别致的小书房。

长春书屋位于养心殿前殿西暖阁仙楼下层西部，东与佛堂开门相通，西墙则开一小门通往墙外的梅坞。

乾隆皇帝登基后即对养心殿进行改造，在前殿西暖阁加盖仙楼，长春书屋就位于仙楼上，乾隆皇帝下旨"用御笔长春书屋匾文一张，丛云匾文一张……长春书屋匾文着做红蝠流云边匾一面，丛云匾文做着色石榴式匾一面"。乾隆十一年（1746），西暖阁的功能改变，前部温室改为"三希堂"，后部仙楼下供奉"紫檀木大塔"，楼上改成佛堂，供佛。原位于楼上的长春书屋移至楼下原西间寝宫内，重新装修。

1

2

精巧的室内布局

养心殿长春书屋内部是一狭长的空间，室内通长5120毫米，宽仅2250毫米，高2100毫米，分为南北两个空间，中间用隔断墙相隔。

南间进深1700毫米，仅安设一座高低炕，靠东墙面西安宝座床，现床上贴落道光皇帝御笔"容膝"匾，意指仅能容下双膝，形容空间狭小，两边贴对联。床前安花梨木透雕雕梅花夔龙如意炕罩，床的南北两面墙上各安装了一付大镜子。床对面西墙上开一方窗，读书间歇可以抬头欣赏窗外景色。窗两边贴咸丰御笔"丽日风和春淡荡，花香鸟语物昭苏"对联。南面用隔断墙与外间相隔。

北间狭长，房中两道落地罩，中间东边通向佛堂处安设一座凹形圆光门，乾隆十三年（1748）改作成豆瓣楠包镶。"乾隆十三年，五月木作，初五日，首领萨木哈来说，太监胡世杰传旨：养心殿西暖阁仙楼下圆光门着改做，先做样呈览。钦此。于本日，七品首领萨木哈将做得圆光门纸样一张持进交太监胡世杰呈览。奉旨：准做豆瓣楠包镶本身元光口出线。钦此。"[1] 圆光门的胎体是用其他木材制作，外面贴上一层纹理漂亮的楠木面。正对圆光门的西墙两槽落地罩之间则安装一副大镜子。圆光门外一堵间隔佛堂与长春书屋的隔断墙中安紫檀镶嵌斑竹嵌扇四扇，两边安紫檀镶嵌斑竹方窗。北墙开方窗。

3

4

5

①中国第一历史档案馆、香港中文大学文物馆合编：《清宫内务府造办处档案总汇》（以下简称《总汇》）第 7 册，页 89-102，人民出版社，2006 年。
②《总汇》第 15 册，页 677。

别致的装修工艺

长春书屋空间分隔简洁，装修简单，而装修材料和工艺则各有特色。

1. 紫檀贴斑竹冰裂纹透雕折枝梅嵌玉方窗、嵌扇

从佛堂往西进入长春书屋，一堵隔断墙中镶嵌着四扇嵌扇，两边墙上开方窗。嵌扇由四扇紫檀五抹槅扇组成，槅扇心用楞条拼接成冰裂纹框，框内紫檀圆雕折枝梅，玉雕的朵朵梅花点缀在枝头，绦环板、群板贴雕夔龙团，槅扇框、抹头和冰裂纹隔心框上贴附一层薄薄的斑竹片。方窗与嵌扇心纹饰、工艺相同。斑竹，因竹身有斑而得名，又称湘妃竹。《博物志》有记：虞舜南巡，至苍梧而崩，二妃留湘江之浦，思慕悲哀，洒泪着竹，竹为之斑。斑竹包厢，是将斑竹制成薄薄的竹片，贴附在木质器物表面，既保持了木质器物的坚固，又加以斑竹的纹饰。泪痕点点的斑竹装饰在木质装修上，犹如一颗颗竹子制成的门窗，打破了木质装修的深沉。这堵墙既是间隔佛堂和长春书屋的隔断墙，也是连接两者的通道，玲珑的冰裂纹和透雕的折枝梅在静谧、庄重的佛堂中呈现出一股清新自然的气氛，也把人们引向了轻巧别致的书屋。

2. 花梨木落地罩

长春书屋北间安置落地罩二槽，南间床前炕罩一槽，都是乾隆十三年用花梨木制作的。

乾隆十三年五月，"初八日，司库白世秀、七品首领萨木哈来说，太监胡世杰传旨：养心殿西暖阁楼下元光门外落地罩三槽横楣，先画文雅样呈览。准时做紫檀木。钦此。于本月十二日，司库白世秀将画得落地罩横楣纸样持进交太监胡世杰呈览。奉旨：照样准用花梨木作。钦此。于本月二十日，七品首领萨木哈将做得落地罩三槽持进安讫。"[②]

原打算用紫檀木制作，后来改用"花梨木作"。由于长春书屋北间空间小，采光差，光线暗，紫檀木色泽深沉，制作装修使得室内更加沉重，而改用色泽柔和、淡雅的花梨木。黄花梨雕梅花夔龙如意横披心槅心落地明槅扇紫檀夔龙花牙子落地罩。黄花梨落地罩色彩棕红，滑如缎面，玲珑小巧，通体雕刻梅花夔龙如意纹，做工考究。落地罩特别之处在于绦环板和裙板不像普通的槅扇用木板浮雕或贴雕纹饰，而是全部镂空雕刻的"落地明罩"。玲珑的镂空雕使房间更加通透，虽起到空间虚隔的作用，又不阻挡视线，既可装饰空间，两重落地罩层层叠加，营造重重帷幕的视觉效果，加强了狭小的空间的进深感和层次感。

1 2

3. 镜子

从佛堂进入圆光门,迎面西墙一幅镶在墙上的大镜子,长春书屋南间宝座床上的南北墙上,乾隆皇帝乾隆四十二年(1777)下旨各镶了一面大镜子:"太监鄂鲁里交紫檀木边座插屏玻璃镜二件,俱系宁寿宫库贮。传旨:将玻璃镜边收窄,在养心殿长春书屋床上两面板墙上安。将床罩横楣里面夹堂扇拆去,安壁子糊白纸,其插屏座二件收贮有用处用。钦此……于六月初四日,员外郎四德将宁寿宫查来紫檀木边玻璃插屏一对,玻璃拆下已在长春书屋镶墙用。"

利用镜子营造空间气氛,在乾隆时期很时尚,也很盛行。镜子可以相照,调整自我,整顿衣冠。镜子还可以起到营造空间的作用。长春书屋位于西暖阁后部,虽然西墙和北墙开窗,室内光线依然不够明亮,利用镜子可以反射光线,使得室内空间显得亮堂。通过镜子还能够将室内的景象镜像到镜子里,似乎在镜子里又营造了另一个相同的空间,以镜面的这堵墙为中线,东西各为一个相同的空间,使室内空间延展了一倍。镜子还有更深的意境,可以进行自我反思,从镜子里看到自己,三省吾身。从佛堂进入长春书屋,迎面镶墙的大镜子,正好照着走进来的自己,同时从镜子中又可以反射佛堂中的佛塔,乾隆皇帝好像站在佛塔下,笼罩在佛光之中。南间宝座床上两面镜子相对而照,从镜子里不仅能看到正面,还可以从镜子中反照到背影,两面镜子相互折射,镜子中能够反射出多个自我形象。乾隆皇帝喜欢真假镜像转换的游戏,宫内所藏多幅"弘历是一是二图",其中一幅乾隆皇帝坐在宝座床上,床后屏风山水画中挂一弘历图轴,一真一假,一高一低,左右对应,相映成趣,画上题"是一是二不即不离,儒可墨可何虑何思。养心殿偶题并书"。坐在长春书屋宝座床上的乾隆皇帝和镜中镜像的多个乾隆皇帝互相交融、映衬,虚实相间,玩味着真假的游戏,造就了亦真亦假的幻象。

坐在长春书屋宝座床上的乾隆
皇帝和镜子中镜像的多个乾隆
皇帝互相交融、映衬，虚实相
间，玩味着真假的游戏，造就
了亦真亦假的幻象。

隐藏的空间奥秘

　　长春书屋空间狭小，结构简单，然而揭开
表面的装饰则发现了许多隐藏的奥秘。

　　圆光门北边的凹进去的小小的地方，安置
了一个小台子，实则是一个"抽长落屉床"，
这个台子可以坐，下面又可以拉开，是一个抽
屉，又可储物。南间西墙开窗，窗台下一块布帘。
掀起布帘一看，原来在窗台下面做了一个书格，
可以放书。布帘拉下，就像是一堵贴着装饰布
的墙体，布帘上还订了一个小扣，卷起来可以
别在上面的扣上。设计之巧妙，既不破坏空间
的整体性，又充分利用一切可以利用的空间放
置物品。

1. 圆光门西墙镜子
2. 圆光门、落地花罩及镜子
3. 西墙书格

《古玩图》 大维德基金会藏

长春书屋南墙古玩墙

长春书屋南墙东半边即宝座床的南墙镶嵌一个满床的大镜子，西半边墙面糊饰壁纸。将墙上破烂不堪的墙纸揭下，惊奇地发现隔断墙为楠木制作的双层板墙，内层为平板，外层板上满开形状各异的空槽，有瓶形、花瓣形、方形、圆形、椭圆形等。槽的厚度为37毫米，槽的尺寸大小不等，一个方形的槽长314毫米，高286毫米；一个瓶形的槽高512毫米，腹宽270毫米；花瓣形的槽宽355毫米，高31毫米等。在每个空槽中依形状大小不同各挖榫眼且内外对称，榫眼的外面还包有铜片。空槽的形状很像各类器物，如瓶形挖出了圈足及瓶口处蒜头形状，且槽的大小与实际器物相当，像是将实体器物镶嵌在墙上。查阅档案发现，这些大小不同、形状各异的空槽不是用来镶墙实体器物，而是用来镶嵌古玩合牌片的。它是先绘制古玩图，再把古玩从画纸中"剁下来"，做成合牌片。合牌片即是先用元书纸、高丽纸等纸张层层黏合，做成较硬的板料，然后根据式样和大小裁剪成型，组装成立体模型。然后在板壁或书格贴落相应的位置挖槽即"走槽"，再将合牌片嵌在槽内托平，若不能平则用铜片掐边固定，空槽边上的铜片正是用来掐边固定古玩合牌片的，又可遮住里面的榫眼。[1]绘制古玩画片的都是郎世宁等西洋画家或者画西洋画的画家[2]，画的古玩片立体并绘制阴影营造出逼真的效果，因而造成曹雪芹的小说《红楼梦》里所描述的"满墙满壁，皆系随依古董玩器之形抠成的槽子。诸如琴，剑，悬瓶，桌屏之类，虽悬于壁，却都是与壁相平的"的效果，无怪乎众人看到会发出"好精致想头，难为怎么想来"[3]的感慨。

古玩片镶嵌板墙的装饰方式，制作简单，别出心裁，制作成本低廉，不过也存在着弱点，不能经久，时间一长绘制的古董合牌片容易退色、纸片脱落，再者，尽管古玩片是西洋画家绘制的具有立体效果的画片，毕竟不是真实器物，真实感差，后来这种装饰手法逐渐被淘汰。乾隆四十二年（1777）养心殿长春书屋床上两面板墙上安玻璃镜子墙，墙纸下面的这些古玩墙为了方便糊纸，在槽内空间大的地方还钉了一些小木块，以便保持墙纸的平整，长春书屋的古玩墙彻底被隐藏了起来。

寝宫床的南墙覆盖着各种形状的槽子，寝宫床的床顶上则是一个个木方格，上面再糊纸，俗称"白膛算子"。从破败不堪的之中隐约漏出一根绳子，绳子尽头还拴着一根铁片似的东西，铁片的另一头还拴着一根线，顺着线走，在佛堂炕罩的东间与长春书屋相对处的"无倦斋"的宝座顶上，也拴着一个一样的装置。这是什么呢？档案有一条记载乾隆元年九月初八日太监传旨："楼下东边表盘窗户二间糊表盘，表盘着郎世宁画表盘，外安玻璃。"九月十二日太监毛团、胡世杰又传旨："养心殿西暖阁仙楼下表盘窗户处安一拉钟线，安在西边寝宫罩内。"原来是在东间安了一个钟表，钟表上安一根拉钟线，这根线就拉向了长春书屋当时还是西边寝宫的罩内。安拉钟线又是做什么用的呢？请教钟表专家，这个拉钟线叫"问子"，也就是问时间的装置。钟表是定时定点报时，在没有报时的时候想知道时间，就要拉一拉线绳，时钟就会相应地敲几下，告诉时间，因此俗称"问子"。

长春书屋房间结构简单，不过乾隆时期在装修的时候制作了一些很别致的装置，带有抽屉的床，墙内的书格，问时间的问子，以及古玩合牌片装饰，这些装修非常隐蔽，不占用空间，又很实用，使得长春书屋室内装修饶有趣味。

乾隆皇帝从小接受优良的儒家教育，"熟读诗、书、四子"，"精研易、春秋、戴氏礼、宋儒性理诸书，旁及通鉴纲目、史、汉、八家之文"①，乾隆皇帝酷爱读书、吟诗，自嘲："朕自幼生长宫中，讲诵二十年未尝稍辍，实一书生也。"他在宫内外建近百座书屋，仅长春书屋在宫内就建有养心殿长春书屋，重华宫长春书屋以及后来的养性殿长春书屋。养心殿长春书屋精致小巧，用精细的装修，独特的装饰手法，隐藏不漏的装置，营造出一个静谧而别致的小书房。

①"雍正六年，画作，六月，二十日，据圆明园来帖内称，五月十九日画得新添房内平头案样一张，撬头案样一张，郎中海望呈览。奉旨：准平头案式样一张，着郎世宁放大样画西洋画，其案上陈设古董八件，画完剜下来用合牌托平，若不能平用铜片掐边。钦此。于八月初六日，画得西洋案画一张，并托合牌假古董画八件，郎中海望持进贴在西峰秀色屋内。讫。于十月十一日，据圆明园来帖内称，十月初十日郎中海望画得西峰秀色画案板墙背面荷花横披画一张，呈览。奉旨：不必用荷花，仍照前面画案好。钦此。于十一月二十日，画得西洋案画一张，郎中海望持进贴在西峰秀色画案板墙背面。讫。于十二月初七日，为本月初四日郎中海望、保德奉旨：西峰秀色屋内外面板墙上贴的平头画案上，何必安走槽古董？板墙满糊画绢上面画古董，其应留透眼处于搭色时酌量留透眼，板墙里面画案上的古董仍安走槽。钦此。于七年五月二十日，西峰秀色屋内板墙上面满糊画绢上画古董画片完，郎中海望奏闻。奉旨：好。钦此。"《总汇》第3册，页305-306。

②《总汇》第1册，页595；第3册305-306页；第4册，页552。

③曹雪芹等著：《红楼梦》，页231，人民文学出版社，2015年。

④《乐善堂全集定本》（朱轼序），《清高宗御制诗文全集》（第一册），页41。

是一是二不即不
离儒可墨可何思
何思 长春居士偶笔

弘历是一是二图

静想高吟六义清
——永恒的长春书屋

文／王子林

乾隆皇帝酷爱读书，就像元人蒲道源《偶书》诗中说的那样"得句因新意，耽书是宿缘"，把时间耽误在读书上，是没有办法的事，因为这是前世的因缘。在其一生中，乾隆皇帝于宫内外建造的书屋近百座，分布于紫禁城、北海、中海、南海、三山五园、盘山行宫、承德避暑山庄等地，冠绝古今。在这些书屋中，他最爱长春书屋。

即位后建的第一个书屋

乾隆元年(1736)，刚即位的乾隆皇帝政务繁冗，千条万绪需要梳理，然而他却于养心殿西暖阁装修了一座仙楼，仙楼里有一间长春书屋。

西暖阁被仙楼分隔成前后两部分，前为"勤政亲贤"室，后部分即为仙楼。仙楼平面呈凹字型，向北对着后墙玻璃窗。仙楼上安有万字栏杆和飞来罩，楼下亦为飞来罩，隔扇柏木群板上装饰绦环画彩漆博。西边对门为紫檀嵌玉松竹梅方窗，东边为钟格。楼下穿堂北间门里连顶隔俱画通景油画。楼梯设在东北角，楼梯上北墙画通景油画，楼梯底下设小案一张。楼下南间飞来罩床西辟有一小间寝室即长春书屋，蝠流云边匾，床上安花罩，对面为槛窗，南壁上安扇面式挂格，北面安扇面式闲余板，西边安书格拉案，北头方窗西边安挂镜书格。飞来罩床东辟二间，其窗户设计成表盘样，表盘由郎世宁画制，外安玻璃。有意思的是闹钟的拉线从飞来罩床顶穿过，置于西小间长春书屋里，如果乾隆皇帝正在此看书，而偏偏闹钟响了，则可拉绳阻止。档案记载："乾隆元年九月十二日，司库刘山久、七品首领萨木哈来说太监毛团胡世杰传旨：养心殿西暖阁仙楼下表盘窗户处安一拉钟线，安在西边寝宫罩内。"仙楼集锦窗户上的五色绢画片，由唐岱、沈源、张为帮、丁观鹏和慈宁宫画画人绘制。

长春书屋虽然空间狭小，但他建长春书屋的热情从此一发不可收拾。

长春书屋及北间梅塔院等地盘尺寸图

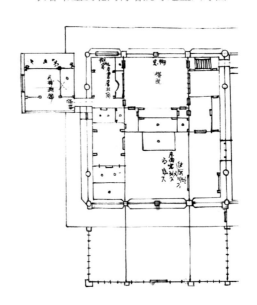

长春居士与长春书屋

从乾隆元年到他去世前，乾隆皇帝一直不停地建长春书屋，他将书房名为"长春书屋"的原因是："曩时蒙恩尝读书于此（长春仙馆），即长春之号亦系赐予者，故各处书屋率以此名之。" 原来在雍正十一年（1733）春夏之际，雍正皇帝召集了宗教界的高僧高道，于圆明园举办一次规模盛大的法会，还有亲王和内廷大臣如鄂尔泰、张廷玉等参加。在法会上，雍正皇帝问弘历："汝有号否？"弘历答："未曾有号。"于是雍正皇帝赐弘历号曰"长春居士"。

没想到的是"长春"一词伴随了乾隆皇帝的一生。

> 天生万物始于春，这是天之"仁"的反映，
> 没有天的"仁"即"善"的本性，就没有万物。
> 所以春就是仁，仁就是"长春书屋"的本性。

乾隆皇帝称，"曩时蒙恩尝读书于此，即长春之号亦系赐予者，故各处书屋率以此名之"，书屋名"长春"是因为父皇赐给他长春居士号的缘故。《养吉斋丛录》亦记："雍正间，高宗尝赐居长春仙馆，嗣纂当今法会，记一时问答语。高宗蒙赐号长春居士，和亲王号旭日居士。故乾隆间所御书屋，往往以长春命名，以寓追慕之意。盖不止一二处也，后在御园之东为长春园，欲为归政息养之所，其名长春，仍此志也。"

长春书屋与乾隆皇帝的理想

"长春"一词既然是父皇雍正所赐，在乾隆皇帝看来意义非凡，因此乾隆皇帝对"长春"一词进行了重新阐释与提升，以建构他的理想。

1. 赋予长春书屋仁之义

乾隆三十二年（1767），乾隆皇帝已建了众多的长春书屋，但还没解释其义。因此，这一年乾隆皇帝写了第一首《长春书屋》诗，诗曰：

> 书屋长春到处如，长春之义可言诸。
> 元为善长功生物，人以仁名语启予。

乾隆皇帝从"长春居士"中跳了出来，说是"仁"启发了我。天生万物始于春，这是天之"仁"的反映，没有天的"仁"即"善"的本性，就没有万物。所以春就是仁，仁就是"长春书屋"的本性。

"元为善长"出自《周易·乾卦》："元者，善之长也。"元，是天地形成之初的形态即乾阳之气，是开始之义，是善的最高境界即"长"。元产生了万物，这是元的最大功劳，故有"天地有大德曰生"之说。

人为什么要效法天道？因为天道主生，作为万物之长的人要彰显天道，帮助天地化育万物。所以乾隆皇帝说"人以仁名语启予"，人即仁，这使乾隆皇帝恍然大悟，如《孟子·尽心下》所言："仁也者，人也。合而言之，道也。"

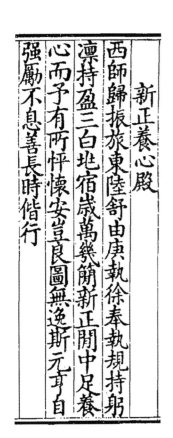

新正养心殿

清 郎世宁 弘历观画图像轴

2. 提升长春书屋以统天

乾隆皇帝御笔《长春书屋》诗云：

元既贯四德，春应含四季。
义经曰统天，已示长春义。
书屋此为号，讵予师巳意。
况值开韶月，而造斯临憩。
即境一心会，澄观万物备。

统天，出自《周易·乾卦》："大哉乾元，万物资始，乃统天。"天有元、亨、利、贞四德即春、夏、秋、冬，春居首，万物生长是春天开始的，春是仁，是长，有了春才有四季，故春统贯四季即仁能统天。

由于乾隆皇帝把"长春居士"号看作是父亲传位于他的隐喻，故将长春赋予"统天"之义，成为大统的新的代名词。所以孝贤皇后住长春宫，而不住坤宁宫。后又让颙琰住长春仙馆。

颙琰即位后，作诗曰"长春赐福钦垂统"，诗中自注说："长春仙馆在圆明园正大光明殿西偏，亦皇祖以赐皇考者，昔年皇考尝自署长春居士之称，盖指此也。予仰承恩命，赐居于正储之后。那居基福，统绪昭垂，敢不勉合撰同符之盛耶！"

嘉庆皇帝御笔《新春长春仙馆》诗云："福地庆长春，况值新春律。承恩乐攸宁，景仰随安室。"诗中注曰："仙馆内随安室向为皇父寝兴之地，予蒙赐居于此，敬体命名之义所蕴无穷。"嘉庆皇帝把长春仙馆、长春居士和传位联系在一起，所谓"敬体命名之义所蕴无穷"指的就是"长春"之义。在嘉庆皇帝眼中，祖父雍正皇帝赐父皇居住长春仙馆和赐号长春居士，与父皇赐自己居住长春仙馆之意是一样的，都是表示传位之意。

大哉乾元，万物资始，乃统天。

《周易·乾卦》

3. 做一名顶天立地的乾元君子

乾隆皇帝御笔《长春书屋》诗云：

湖傍书屋号长春，名副春来实倍亲。
讵必柳桃辉锦绣，已欣山水蕴精神。
早收彩胜曲屏缀，雅有芸编净几陈。
即景问何为契要，乾元君子体惟仁。

长春书屋依湖而建，春天来临时，倍感亲切，桃柳相互争辉，山水透露出一股积极向上的精神。彩胜即春屏彩胜，是一种专为立春而制作的特殊挂屏，屏上贴彩胜签，以示吉祥。芸编，指书籍。面对勃勃生机，乾隆皇帝不禁要问什么是万物复苏的根本，而他参悟到的是"乾元君子体惟仁"。

乾元，出自《周易·乾卦》"大哉乾元"，乾指的是天，元指的是创始之初。《周易·乾卦》曰："天行健，君子以自强不息。"《周易·坤卦》曰："地势坤，君子以厚德载物。"天体的运行刚健有力，君子效法天，应当在自己的道德修养上培养自强不息的精神。大地的势态是坤阴的随顺，君子效法大地的品德，要以深厚的道德承担起负载万物的责任。这就是乾元君子。

乾坤的本能和动力，都是为了让万物生成，因此生成万物是天的本性。乾元君子就是天的子民，体现为仁，以仁去关怀天下，爱护百姓。

4. 君王职责在于施仁

乾隆皇帝建长春书屋是为了体仁，体仁的目的是什么？是为了施仁于天下，乾隆皇帝御笔《长春书屋》诗阐释了其观点，学习元太祖忽必烈推行仁政之理想：

旧日题书屋，今朝临始春。
四时恒不息，五德首惟仁。
颜子弗违处，邱翁进义辰。
参观均切已，便拟致于民。

五德即仁义礼智信，仁为首。颜子，孔子的弟子，《论语》记颜渊问仁于孔子的典故。邱翁即邱处机，号长春子，全真派道士，元太祖曾延见之，《元史》记：

处机每言欲一天下者，必在乎不嗜杀人。及问为治之方，则对以敬天爱民为本。问长生久视之道，则告以清心寡欲为要。太祖深信其言，曰："天锡仙翁，以寤朕志。"

乾隆皇帝说"长春书屋"名为旧时所题，今朝才始临春，这使他更加思绪起伏，想到昔日元太祖问"道"于长春子邱处机，长春子进说"节欲保躬""天道好生恶杀"语，促成了元太祖推行仁政之道。参观对照此道正符合他自己的想法：四时永恒不息，仁为五德即仁义礼智信之首，仁是天道的反映，应该施仁于民，推行仁道。

清 丁观鹏 太簇始和图

台北故宫博物院藏

建福宫

书房主题空间改造实例

风声，好似一位天然的音乐大师，吹动宫墙，奏出宫廷宴乐：掠过殿宇，弹起古琴怨曲。

建福宫本就是一首皇家吟怀的风月长诗：日春看花，夏日赏莲，秋天观月，冬日望雪，绵延不尽……

从乾隆到溥仪，自民国到如今，数百年光景。

延春阁，难道你筑阁就是以藏天下典籍？

静怡轩，难道你筑阁就是以观书画墨宝？又是谁在敬胜斋赏古品茗，在惠风亭抚琴拨弦？又是谁在渲染出一幅幅宫廷绘画？

建福宫的前世今生

文／樵夫

日复一日去日已远，建福一日竟似永年。

闲为水竹云山主，静得风花雪月权。

　　这是乾隆时期清建福宫延春阁面西的一幅匾额，其内容来自于宋人邵雍七言诗《小车吟》："自从三度绝韦编，不读书来十二年。大瓮子中消白日，小车儿上看青天。闲为水竹云山主，静得风花雪月权。俯仰之间无所愧，任他人谤似神仙。"说得是唯有闲静使人心平气和、超越荣辱，才能走出喧嚣、洒脱不惑。联语寄情自然、幽雅韵浓，颇有一番禅意。由此匾额可见当年乾隆皇帝建造建福宫的用意。

从静怡轩入口看惠风亭　夏至摄

由延春阁西望北海琼华岛 （1920－1923年）

建福宫位于内廷西六宫的西侧，是在明代乾西四、五所及其以南的狭长地段修建而成的南北的四进院落。整座院落从建福门起，依次为抚辰殿、建福宫、惠风亭和静怡轩等。乾隆皇帝在建福宫修建好后，曾兴致盎然的在《建福宫赋》里这样描述：

潜邸所御厥名重华，其西有隙地焉。紫禁遐清，宫墙窈窕。乐是爽垲，用葺新宫。清暑宜夏，迎喧宜冬。或疏或奥，秋月春风。嘉卉骑旎，珍木扶疏。对时育物，宸襟孔愉。肇锡嘉名，颜曰建福。

建福宫以西还有空地，又修建了以延春阁、敬胜斋为主体建筑的建福宫花园，乾隆皇帝"以为几余游憩之地"。整个区域布局与紫禁城内其他宫殿相差无几，不过也有其独特之处。从建筑的形制上来说，依然是传统的前殿后寝的格局，以庭院、游廊相环绕，广植奇花异草，叠石为山，山有小径通往不同去处。

建福宫花园延春阁
（1920 – 1923 年）

新宫落成，玉所金铺，创名建福，义何居乎?

因为建福宫是花园式的建筑，建筑形式上更加活泼自然，殿宇覆瓦的色彩相较于其他区域的建筑更加丰富多彩，富于浪漫气质。正是由于这份自然和浪漫，长期生活在庄严凝重氛围里的乾隆皇帝，经常光顾这里，喜欢这里的环境，沉醉于这里的景观。

于时而春，览生意而欣欣；于时而夏，远烦暑而洒洒。乃其秋也，伟西成之可庆；乃其冬也，体贞元之凝命。载色载笑，奉兹闱而承欢；来游来歌，与良臣而交徽。

乾隆皇帝经常邀请一些亲近的大臣，如和坤、刘墉、董邦达、董诰等来这里吟诗作赋，建福宫的墙壁、隔扇上，留下了诸多文臣的书画墨宝。每年腊月初一，也即嘉平朔日，乾隆皇帝开笔书写"福"字，赐予后宫嫔妃以及一些文武大臣，以贺新禧、以志嘉奖。

俯而近瞰，仰而远眺，天地万象，叹为观止。

二

建福宫是个花园式的建筑，称建福宫花园或许更为确切。这座花园里，俯而近瞰，仰而远眺，天地万象，叹为观止。

静怡轩观山——雨润湘帘，苑外青峦飞秀。风披锦幙，阶前红药翻香。乾隆真会欣赏，他掀起锦幕，透过朦胧的湘帘，窗外那湿润的空气扑面而来。早已看习惯了的假山，依稀像天外飞来，山间飘动着雨后的云雾，变得那么青翠欲滴。芍药花开了，那芬芳的香气，随着微风拂掠而来。

凝晖堂观水——流水如有意，高云共此心。流水、高云，已蕴含有乾隆皇帝对"真我"的感悟，而"真我"之中，同样包育有"流水""高云"之灵魂，正应了唐人王维诗："晴川带长薄，车马去闲闲。流水如有意，暮禽相与还。"

敬胜斋观泉石——地学蓬壶心自远，身依旁石兴偏幽。我们依稀看到乾隆皇帝依栏而望，奇石无言，尽含千古之秀。即便是冬天，屋外百花凋零，地面上时而有薄薄一层冰，石榴树也枯萎了，只有虬枝挺立着。不过几月之后，春风拂过，又是满院生机。

建福宫，是乾隆花园最高的建筑，每当登临，可以俯瞰整个紫禁城：

春日：日升、草长、风起、雾淡、惠如春；

夏日：清华、积翠、朗润、敷荣、庆云集；

秋日：萃胜、集英、兰畹、怀芬、滋湛露；

冬日：含象、澹远、静虚、雪霁、玉壶冰。

日复一日去日已远，建福一日竟似永年。

由此正应了老子的真义，——相生，万物归一；生而为动，归而为静；欲动还静，动而愈静；世间法相，莫不如斯。

从延春阁三层俯瞰紫禁城 任超摄

一地珠玑，满目诗章。

三

"几暇悦心古图史，新春行乐小蓬瀛。墨壶琴荐相先后，旧咏新裁自品评。"建福宫大大小小的宫殿，收藏了无数乾隆皇帝最为喜爱的珍玩。清末逊帝溥仪在《我的前半生》中有这样的记载，曾经在建福宫的建筑里，看见许多堆积至天花板的大箱子，这些箱子竟然还张贴着嘉庆年间的封条。他命人打开一个箱子，里面尽是书画墨宝，这些宝贝大概是乾隆皇帝去世后，嘉庆皇帝把其父亲的遗物封存起来。建福宫里究竟贮藏了多少珍宝，没有留下文字记载，谁也说不清楚了。

辛亥革命，溥仪退下皇帝之位，但根据《清室优待条例》，溥仪以及家眷等依然居住在乾清门以南的后宫。已不是过去的皇家，这时的清室已经是仰人之鼻息，民国政府所给经费严重不足。由此许多清室成员、太监监守自盗，把一些珍贵的古玩字画拿到琉璃厂、东华门大街古玩店去变卖。

从清朝覆亡到逊帝溥仪离开紫禁城这13年里，应该是紫禁城管理最为混乱的时期，不知有多少古物珍玩流落坊间。当时不仅琉璃厂古玩店在卖宫里流出的珍玩，东华门外的一条街也开了古玩店在卖这些东西，或许是社会需求量过大，地安门大街竟然也有门脸做起古玩生意，而且这些门脸店有好多是太监、内务府官员及其家属开设的。溥仪从他英文老师庄士敦那里听到这些消息，并且以前也隐隐约约听到过太监不老实，经常偷拿宫里东西的事儿，于是打定主意对建福宫贮藏的宝物进行一次彻底清查。不料就在他开始对宝物进行清查的翌日，也即1923年6月23日——这是一个让每一个中国人特别悲愤与伤感的日子，建福宫的敬胜斋起火了……

四

一把大火烧掉了静怡轩、慧曜楼、吉云楼、碧琳馆、妙莲花室、延春阁、积翠亭、凝晖堂、玉壶冰、中正殿、香云亭等十多处殿堂楼阁，130多间房屋骤然间化为灰烬，这座美丽而独特的花园香消玉殒，一夜间成为一片焦土。

大火烧毁了富丽的建筑，也烧掉了这里所收藏的典籍字画文玩。不过大火之后，清室公布了一份建福宫损失的名单：烧毁典籍数万册、字画1157件、金佛2665尊以及其他古玩435件。其实，人们都知道这个名单中的数字是大大缩水的，其具体数字是多少，到现在依然是个谜，或许只有早已入土的乾隆皇帝知道罢了。

建福宫自一把火后，昔日的风姿早已湮没于岁月的尘埃之中，无迹可寻。

上世纪九十年代初，一个特殊的机缘来到建福宫，那时的建福宫尚未复建，富丽的殿宇楼阁早已不见，空余一些断壁残垣和一缕缕淡淡的伤感。数十年的光景弹指一过，空气里还弥漫着乾隆盛世的诗情画意，历久不散，依稀可辨。秋日的天际依然湛蓝，亘古未变。人世沧桑，宛如棋局。

在建福宫里有时经过雨水冲刷，地表上会露出许多残瓷碎瓦，或隐约可见，或触手可及，在我看来这便是一地珠玑、满目诗章了。

这是二十世纪惨遭焚烧的废墟，花园的假山依旧，假山的石质棋局依旧，但满院芳草萋萋、野花点点。

沿着回廊，满目疮痍，惟有风儿轻轻掠过，数只乌鹊在不停地觅食，时而警惕地望着我们这几位不速之客，尔后飞去了。

随着乌鹊飞去——

残垣、残木、残石；

日淡、风淡、云淡。

一一相生，万物归一；生而为动，归而为静；欲动还静，动而愈静。

五

风声，好似一位天然的音乐大师，吹动宫墙，奏出宫廷宴乐，掠过殿宇，弹起古琴怨曲。是啊，建福宫本就是一首皇家吟怀的风月长诗：春日看花，夏日赏莲，秋天观月，冬日望雪，绵延不尽，歌吟无限。延春阁啊，难道你筑阁就是以藏天下典籍？延春阁啊，难道你筑阁就是以观书画墨宝？

从乾隆到宣统，自民国到如今，数百年光景，风花如梦。建福宫啊，是谁在惠风亭静怡轩抚琴拨弦，古乐悠扬不绝？又有谁在敬胜斋赏古品茗，渲染出一幅幅宫廷绘画？

春霭帘栊，氤氲观天妙。

香浮几案，潇洒畅天和。

春到人间，人心春满。听乾隆皇帝之妙语，余音绕梁；观旷世之华章，高临万象。乾隆帝实在太喜爱建福之地，在这里撒播太多的诗句。俯拾是火烧过的砖石，仰看是火烧云染红的苍穹；风之掠过，诗思漫卷。

惠风亭一个小小的亭子，无风何以入诗入画？无诗无画如何登临延春阁？

六

建福宫不是一个专门收藏典籍的宫殿，但是，古代皇家建筑是不能没有典籍的。紫禁城有个专门贮藏典籍的藏书阁，它就是文渊阁。由于大家熟知的原因，文渊阁所藏的《四库全书》现贮藏在台北故宫。大约十年前中华书局出版，由扬州古籍印刷厂影印的文津阁版《四库全书》赠与故宫博物院一套。由于此书卷帙浩繁，出于安全计，文渊阁只能贮藏四库之"经"部，而"子""史""集"部只能寻求在其他地方收藏。恰巧去年有大的外事活动，建福宫的内檐重新装修时要考虑《四库全书》的陈放。院里经过慎重研究，认为重新装修后的建福宫应该成为以《四库全书》为主题的文化空间，也可以说成为中国文化的书房。

装修主题已经确定，我组成了赵连江、李珂、梁爽、王力，以及张启瑞、王东宁等人的团队，要用三个月的时间完成建福宫内檐装修任务。大家在装修的调性上费尽心机。建福宫这样的清代皇家建筑里，传统的内檐装修大多色调较暗，糊纸也用团龙、团凤，以及万字纹、寿字纹、福字纹之类为饰的。建福宫是复建工程，如果照搬原版、亦步亦趋，一是原材料不是从前的原材料，且施工工艺也和从前不同，有些地方作了尝试，其实是失败的。

那么建福宫内檐的重新装修，用什么样的调性就是一个需要重点解决的课题，因为空间色彩的不同，会影响人的感觉和情绪。设计师李珂承担设计任务，他根据院里的需求，无数次来建福宫凝神深思，深度体验这里的文化氛围。经过慎重考虑，决定弃清追宋，采用极传统的宋人色彩。故宫收藏文物多如恒沙，瓷器就有 36 万余件，其中 30 余万件为官窑瓷器。就瓷器的珍贵程度而言，人们首推宋代汝、钧、官、哥、定五大名瓷，而汝瓷当属瓷国里的王冠。

余晖下的延春阁·穆奎摄

建福宫内檐装修的色彩——天青，富有现代审美
的色彩，其实来源于宋代汝瓷的启发。

早在唐代的时候，越窑青瓷中的精品便直接送达宫廷，其釉色之美如深湖之水，青而幽雅、幽静、幽深、幽秘，而被人们称为秘色。初期的汝窑，受到来自南方越窑的影响，经过官方的精心设计，窑工不断创新，最终烧造出史上最为珍贵的汝瓷。越瓷和汝瓷都是青瓷的翘楚，前者釉色为青绿色，后者釉色则是天青色；前者釉色贵乎其秘，其青绿极尽苍茫之华菁；后者釉色珍其玄，其天青近乎幽邃之玄。

自宋以降，历朝历代都想仿制汝瓷，力图达到宋汝的水准，但成功的微乎其微。即使是清前三代的制瓷专家年羹尧的年窑、唐英的唐窑，他们仿制已经是美则美矣，但始终到不了雨过天晴后的那份透亮、那份幽玄、那份润泽，就如对瓷器的烧制和欣赏达到很高水平的乾隆皇帝对后来的汝瓷竟这样感慨道："仿汝不似汝"。

建福宫的内檐的色彩是黄色？是故宫红？是团龙、团凤？还是清人的繁复？设计者提出了数种色彩，其中有一种就是汝瓷色。天青色是一种淡雅的颜色，淡雅不是简单，而是富有内涵的一种色彩。那天青的釉色与建福宫之湛蓝的天空交相辉映，那青邃、那风韵、那滋润的光泽，浸润着静谧、含蓄、清明的自然观念。人生活在自然中，最惬意的事莫过于雨过天晴，那水天一色的美景令人陶醉。天之青，是色彩幽邃最妥切的注释，也是道家精神的最终体现。

建福宫内檐装修的色彩——天青，富有现代审美的色彩，其实来源于宋代汝瓷的启发，只不过是对汝瓷色彩的重新诠释罢了。一些专家学者看过都高度认可，众多观众看了都非常喜欢。所以，由清代内檐装修色彩的浓艳转变为宋人汝瓷的天青，正应了《红楼梦》里由色悟空的真谛。

在内檐的装修和色彩的使用，突破惯性的思维模式，加入一些宋人的精神，具有穿越的时空感，而且和当下人们的生活和审美更加切合。那么，宋代是个什么样的时代，有谁能够穿透宋人的精神？有谁能复制宋人的灵魂？

精神也是有色彩的，灵魂也是有颜色的，我认为一种色彩、一种颜色是有温度的，它是心灵的表白和传达。

汝窑天青釉弦纹三足樽
（局部）

建福宫花园的历史沿革

· 1742 年

清高宗乾隆七年，建福宫花园始建。其中，建福宫区域包含惠风亭、建福宫、抚辰殿等建筑，花园部分包含静怡轩、慧曜楼、吉云楼、敬胜斋、延春阁、积翠亭、玉壶冰等九处建筑。乾隆皇帝预备以此花园作对其母尽孝之所，一直未能长期居住其间，后渐成皇室藏珍之所。乾隆皇帝亦始终对此地留恋，曾多次依照建福宫花园建筑形制，修建紫禁城中它处建筑，比如符望阁、倦勤斋、景福宫等。

· 1802 年

清仁宗嘉庆七年，建福宫重修；后，嘉庆皇帝下旨封存乾隆皇帝收藏于此的珍奇文物，从此，建福宫区域成为紫禁城中的藏宝库。

· 1923 年

中华民国十二年，6 月 26 日，建福宫花园失火，整个区域仅惠风亭、建福宫、抚辰殿幸免。失火原因隐晦未明。其中文物损失巨大。

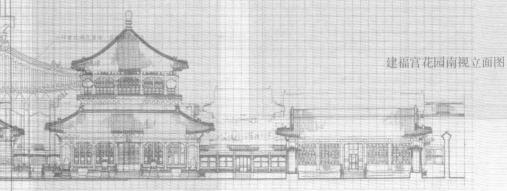

建福宫花园南视立面图

建福宫花园碧琳馆 阿乐绘

·1999 年

经国务院批准，由香港中国文物保护基金会捐资复建建福宫花园。

·2006 年

建福宫花园复建工程竣工。

·2017 年 2 月底 3 月初

建福宫室内空间改造项目启动，3 月启动，5 月完工。改造后的建福宫延春阁、敬胜斋、静怡轩室内空间，将紫禁城的高雅与设计的现代感适当交融，以典籍为主题的建福宫书房，成为接待外国友人的中国文化客厅，彰显中国文化的厚重与魅力。

·2017 年 11 月 8 日

美国总统特朗普开始对中国的国事访问，首站参观故宫，建福宫也在特朗普总统的参观路线中。改造后的建福宫空间愈来愈受到来自故宫内外的关注与褒评。

吉云楼立面图

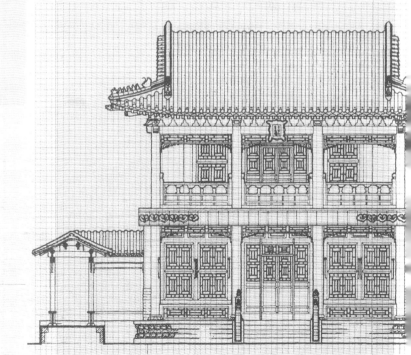

建福宫花园的空间布局

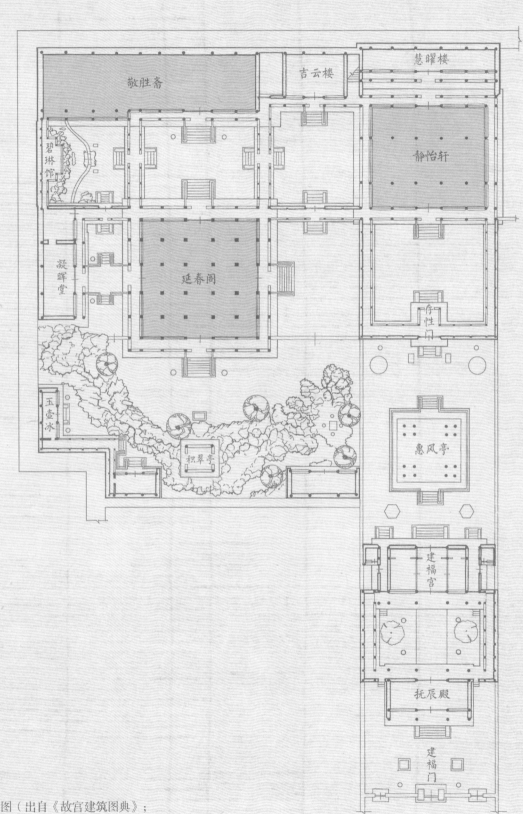

慧曜楼

敬胜斋

吉云楼

碧琳馆

静怡轩

凝晖堂

延春阁

存性门

玉壶冰

积翠亭

惠风亭

建福宫

抚辰殿

建福门

建福宫区域平面图（出自《故宫建筑图典》；
图中色块表示建福宫室内空间改造的区域）

建福门

建福宫之正门。清乾隆初年随建福宫而建。内为抚辰殿。为建福宫南出之重要门户。现建筑完好。

抚辰殿

建福宫前殿。清乾隆七年（1742）建成。与建福宫相连。室内有乾隆御题匾曰"敛福宜民"。乾隆帝每岁末曾于此宴赉蒙古王公。现建筑完好。

惠风亭

位于建福宫后院正中，方亭，南北出阶，南与建福宫相对，北与存性门相向；东院墙有角门东出通重华宫前横巷；西院墙有门西出可通建福宫花园。现建筑完好。

建福宫

位于内廷西六宫之西，原中正殿东侧，清乾隆七年（1742）建成。南北三进院。前有正门曰建福门，门内第一进院南向正殿曰抚辰殿，殿后即建福宫，与抚辰殿后檐相接，围成第二进院。室内有金漆隔扇，为宫中内装修之精品，东西檐廊亦为穿廊可通第三进院。院内有亭曰惠风，亭北院墙中有门曰存性，可通建福宫花园（又称"西花园"）。此宫初建时拟为乾隆帝守制之用，后未行。后定制嘉平朔（腊月初一）御此宫开笔书福字笺，以迓新禧。咸丰三年（1853），咸丰帝曾奉皇贵太妃幸此宫进午膳；孝德显皇后（咸丰帝即位后追谥之后）神位、孝贞显皇后（咸丰帝后慈安）神位均曾设此。现建筑完好。

存性门

静怡轩院南门，南向，门前两侧列铜鎏金小狮各1座。门北正中为静怡轩。民国十二年（1923）与花园同毁于火。现已复建。

静怡轩

建福宫花园内主体建筑之一，乾隆七年（1742）建成。位于建福宫后存性门北正中，与建福宫位于同一南北轴线上。轩前庭院内植梅2株，乾隆帝曾有题咏。初建时为建福宫之后寝宫，咸丰年曾奉皇贵太妃幸此侍午膳。民国十二年（1923）与花园同毁于火。现已复建。

慧曜楼

建福宫花园内建筑之一。位于静怡轩后，清乾隆二十三年（1758）建。为上下两层楼阁式建筑，下层原供佛塔，上层供佛像。民国十二年（1923）与花园同毁于火。现已复建。

延春阁

建福宫花园内主体建筑之一。位于建福宫西侧，建于清乾隆七年（1742）。为典型的明二层、暗三层式楼阁。阁东西两侧各有虎皮墙1道，各辟1门，设什锦窗。阁前植牡丹，为建福宫花园佳景之一。乾隆三十一年（1766），曾奉皇太后在此观灯；咸丰三年（1853），咸丰帝曾奉皇贵太妃幸此宫进午膳。民国十二年（1923）与花园同毁于火。现已复建。

凝晖堂

建福宫花园内建筑之一。位于延春阁西侧。原为园中佛堂，民国十二年（1923）与花园同毁于火。现已复建。

敬胜斋

建福宫花园内建筑之一。位于延春阁北，斋东有廊墙与吉云楼相隔。斋原为藏书及读书处。民国十二年（1923）与花园同毁于火。现已复建。

吉云楼

建福宫花园内建筑之一。位于慧曜楼西。原为供奉佛像之楼。民国十二年（1923）与花园同毁于火。现已复建。

碧琳馆

建福宫花园内建筑之一。位于延春阁后，敬胜斋西南，坐西面东，后檐靠西宫墙。馆前有假山翠竹，为园中佳景之一。民国十二年（1923）与花园同毁于火。现已复建。

积翠亭

建福宫花园内建筑之一。位于延春阁南正中叠石堆山之上。四角攒尖式琉璃瓦顶，上有琉璃宝顶。民国十二年（1923）与花园同毁于火。现已复建。

静室

建福宫花园内建筑之一。位于延春阁西南假山后，西墙转角处。室内有额曰"玉壶冰""鉴古"。其上有楼，原为园中佛堂，供观音大士像。民国十二年（1923）与花园同毁于火。现已复建。

（摘自《故宫辞典》，故宫出版社，2016年）

雨收天色碧于蓝——
设计师心中的建福宫空间观

文／王时伟、李珂、舒钧祺、芙琪

建福宫空间改造设计的主要区域是敬胜斋、静怡轩和延春阁，尽力从传统中寻觅可以借鉴的形式和理念，力图以当代的语言来呈现一个和故宫文脉相承且有所创新的现代文化空间。

延海阁一层通顶书架及陈设 夏至摄

有关二十年前的建福宫建筑复建

受访／王时伟

既然是复建，那么最重要的问题就在于是否能完全再现建福宫花园的原貌。

故宫博物院古建部副主任王时伟介绍说，以现有的人员与技术，完全有能力让建福宫花园旧日胜景重现。这样的自信源自前期详细的勘查及相关准备工作，同时，有很多便利条件。

首先，有现存的基址。从现场勘查资料显示，建福宫花园虽遭受火灾，且时隔甚久，但建福宫花园中建筑的台基结构仍保存完整；建筑柱网分布完整；建筑室内外地面、道路用砖的规格、材质可以清晰地勘查出来。

其次，有现成的参照物。据史料记载，乾隆花园后半部分建筑是仿照建福宫花园而建的，勘察人员对此进行现场考证，对建福宫花园建筑遗址和乾隆花园符望阁区域分别进行实地测绘，通过比对，两部分建筑除装修、建筑材料有个别不同外，在营造法式、建筑尺度、建筑规制等方面基本一致。

如何体现对于故宫文脉的传承？

文／李　珂

此处有一巧合。扬州文汇阁是中国古代有名的藏书楼，正好在本次建福宫空间改造伊始，捐赠给故宫一套重新仿制的《四库全书》，但因为保存管理方面的难度及其他因素，院里一直考虑安排一个最佳保存场所。由是，得有机会将此典藏融入到建福宫静怡轩、延春阁的空间陈设中。

延春阁、静怡轩中的书架，借鉴文渊阁藏书书架的形制重新设计，有以下两个理由：

（1）文渊阁于清代乾隆时期是具备现代图书馆藏书性质的场所，是故宫文脉的代表。

（2）书房自古是文人注重内心观照和精神修为的场所，传统的书房非常讲究器物与空间的融合，这一点在乾隆皇帝身上体现得尤为明显。

在改造后的延春阁、静怡轩中，胡桃木书架的厚重与重制版《钦定四库全书》楠木书盒的清香相得益彰，使得整个空间氛围中充满了书卷气息。如此，既能存放这套重制的《钦定四库全书》，又能适当地表现出对故宫文脉的传承。

木作之工
China Heritage Fund 供图

陈设

这种文脉的显现不仅在空间氛围上，在陈设布置上也有所体现。延春阁、静怡轩中都放置了具有文人气息的明式家具，以及观赏石、兰花、文竹等盆景清供。

在灯光的设计上，让人只感觉到光的存在，用灯光营造宁静的书房氛围，灯光的渲染能让人心情放松，静静地体会和享受书房空间带来的欣喜。

这种光感也体现在窗户的设计中。在不破坏原来窗格的同时增加双层玻璃，双层玻璃中间安装特殊处理后的宣纸做的百叶帘，可以更方便地调节空间的光线。可以想见，黄昏时分一抹余晖，斜照窗棂，从室内看去，百叶帘上映着窗棂的影子，也泛着莹莹的光，在表达含蓄的同时增加了一丝绵绵的意味。

龙兴石　文／舒钧祺

　　此方灵璧石产自安徽灵璧县渔沟镇磬云山，石高 4.5 米，宽 2.5 米，厚 1.5 米，重约 12 吨。该石大璞不雕，天工独塑，绝地而生奇观，天然形成大度雍容，玲珑剔透，粗犷雄浑，气韵苍古的沧桑之美。敲击石头突出部分，会发出阵阵金玉之声，令人回味无穷。正如宋代诗人方岩有诗赞叹道："灵璧一石天下奇，声如青铜色碧玉"。该灵璧奇石形如巨龙，天地飞舞，气吞山河。

类中国地图（类公鸡）意象

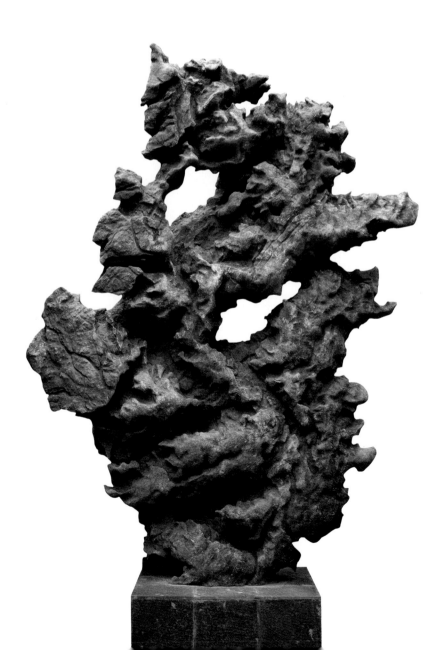

类人骑龙意象

类人骑马意象

建福宫入口处的"龙兴石"

福抱赏月　文／关琪

　　斯石胜景，棱角粗犷，顿挫有度；其质枯而不涩，苍古有韵；其形如轻步曼舞，摇曳生姿，撕空摘月，孔洞缠连，朵云横穿，透、漏更胜。虚者，实耶，镂空如月，更著福禄（葫芦）之妙，抱"福（葫）"赏月，拜好石者南入荒野，另辟蹊径，于碧山绿水，掘得怪石——类太湖石，不输太湖，人谓"南太湖"。石体扭转回环，百洞千壑，沉而不重，虚而不妄，有纤云之巧，可蕴霞生烟。

静怡轩内间的"福抱赏月"石　夏至摄　　　　　　　　　　　延春阁一层西侧书架　夏至摄

静怡轩实景 夏至摄

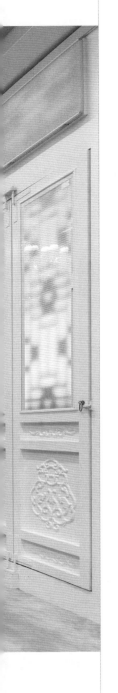

色彩

　　对于建福宫的空间改造不仅是陈设上的，更大的创新在于延春阁、静怡轩室内空间的色彩设计上。

　　天青色覆盖了建筑结构的梁柱，且地毯的图案设计也使用了天青色，在这样的氛围中，仿佛漫步云间。

　　如今观者参观延春阁、静怡轩，映入眼帘的是满眼的天青色，和室外的红墙黄瓦形成强烈的色彩对比。这是因为借鉴了宋代汝窑瓷的天青色，能够更好地表达高贵典雅的传统文化气质。

天青色的故事

　　宋徽宗为了它痴缠一生、梦萦魂牵，也为它赌上了北宋王朝的威信；

　　几百年之后，乾隆皇帝穷尽造办处之人力，欲图再现它的荣耀而不得；

　　它色泽之美如玉般神圣和光辉，已非言辞所能形容；

　　不仅两位如此热爱艺术的帝王如此，历代工匠无一不以恢复它的极高烧制技艺为傲；

　　这个令两位皇帝、历代无数匠人醉心无比的"它"，即是汝窑青瓷；它的颜色正是被称为是来自宋徽宗的梦里、"雨过天晴、云破处"的天青色。

　　"云"有时是对于国家政局不清明的讽刺，李白有诗言："总为浮云能蔽日，长安不见使人愁"，而"云破"后自然"日出"，即意味着，政事清和明朗，谏言善策能得妥善处理；"雨过天晴"亦同此意。因此，天青色对于徽宗皇帝、乾隆皇帝而言，是能给臣民带去和平安定的希望的颜色。

　　于是，在建福宫空间改造中，以天青色作为整体色调，不仅能体现皇家宫廷的富丽高贵，也显示出传统文人的清雅气质，使之脱出于民俗之所喜，更代表了新时代中国人民对于世界和平、民族复兴的祈愿。

汝窑天青釉茶盏托

延春阁中的楼梯 夏至摄

楼梯和藏书柜灯箱

延春阁内，以藏书柜和落地罩分隔出三个空间，各空间可相互穿行。最外的空间用于读书静思，中层的空间展示名家书画，最核心是楼梯空间。

落地罩的比例、材质、做法都非常讲究，落地罩在空间中的穿插使用，让空间更添一分灵动和含蓄。

楼梯的设计与藏书柜巧妙结合，书柜依楼梯之势，通顶而建，楼梯内壁以假书作灯箱装饰，一眼望去，仿若真书。楼梯外壁的真书与楼梯内壁的假书，亦真亦假，亦虚亦真……登楼之时，仿佛进入传统文化的殿堂。

现实中以藏书柜为主题的装修，与文渊阁藏书楼，有了完美呼应与传承。

置身于当代而又古典的书房，可以和古人对话，可以和内心独处，让人沉浸于书香墨韵、质朴古意的氛围中。

延春阁中的隔扇与家具 夏至摄

在延春阁顶层，轻轻拉开古典的铜质拉手，站在三层室外的廊下，北海白塔、景山公园尽收眼底，那一刻，欣赏着故宫的美景，慢慢地品味着茶香的余味，随着鸦雀翻飞，身心俱远。

寒来暑往，建福宫区域里延春阁、静怡轩中改造后的空间陈设，渐渐显露出时间留痕，蕴含着传统素朴的古意与现代元素的温度。宫

由延春阁三层看神武门及景山　任超摄

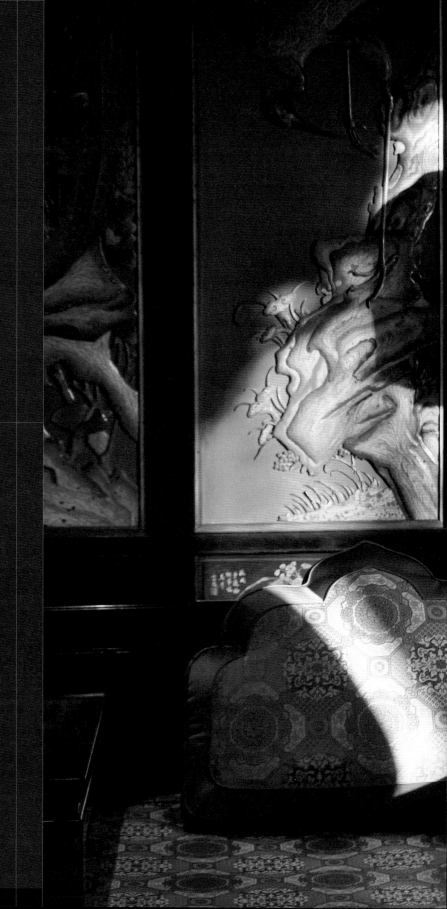

万几清暇爱摊书——建福宫空间家具陈设

文／张启瑞

建福宫空间的家具陈设，以明式家具及清乾隆时期的文渊阁内的通顶金丝楠书柜为设计参考，力图呈现出传统书房的古拙典雅。

敬胜斋中的落地屏风　李玉祥摄

延春阁三层的落地罩及室内陈设 夏至摄

延春阁一层的落地罩 夏至摄

落地屏

敬胜斋的落地屏采用了明代文人空间的陈设风格。

屏心边框饰一圈绦环板，以横竖短枨分隔，枨上皆为剑脊棱双线压边，开光起阳线，突显凹凸感；外框顶端做委角，娇俏婉约。屏心的古画，色泽典雅，点缀着敬胜斋，营造出一种文人雅士的书香氛围。

明式梳背椅

椅用圆材，全身光素，尺寸适中，座面起鼓落堂，做工讲究，后背板成"C"形，贴合人体脊背，使得靠背更舒适。

四平霸王枨条桌

此桌的结构是腿足与牙条格角相交，先构成一具架子，加上霸王枨，上面再和攒边的桌面结合在一起，采用了"粽角榫"的结构。

霸王枨是中国传统家具中一种不用横枨加固腿足的榫卯结构，既能有效地固定桌腿的位置，又能起到加固作用，还能整体增加曲线感。

延春阁中的书架

静怡轩、延春阁的胡桃木制通顶书架，仿制于文渊阁内的通顶金丝楠书柜，木色和延春阁整体天青色调相呼应，显现出书架与整体空间环境的协调性。

书架上放置了扬州文汇阁仿制的《四库全书》。这一套《四库全书》因为各种缘故，本无处安置保存，但如今陈设在静怡轩、延春阁的通顶书架中，倒是十分得宜，既体现出传统书房的古拙典雅，也能从中看到皇家书籍刻藏的浩瀚。

延春阁一层通顶书架　夏至摄

燕喜堂楠木灯笼框梅花蝴蝶卡子花夹纱臣工书画贴落隔扇

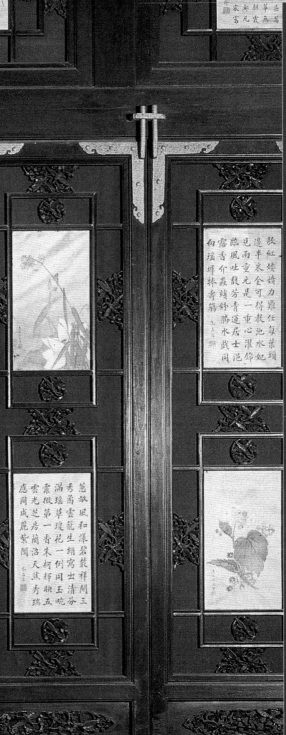

拂槛露浓落花香——建福宫中的内檐装修

文＼孙刚辉、周项立、许仲礼、张启、郭嘉铭、王东宁、赵连江

含象：落地罩

文／孙刚辉

　　落地罩是古建筑内檐装饰木雕花罩的一种。凡从地上一直到梁的花罩都可称为落地罩。其形式主要有三种：

　　一、沿两侧木柱和梁形成的不同方向的三条边上均有装饰，两侧的木雕一般都坐落在木雕须弥座上。

　　二、两侧木柱上安装隔扇、隔扇间，梁枋下安装单边罩，这种形式又叫"隔扇罩"。

　　三、在柱梁间满饰木雕或用木棂条组成图案，中间部位留出几何形洞口，这类落地罩常按洞口的形状定名，如圆形洞口的称"圆光罩"。

罩同样作用于室内空间分隔和过渡，制作精细、装饰考究，又增加了室内空间的艺术韵味。落地罩两侧开洞窗，便于两侧景物互相因借。建福宫空间改造之后，大量展示了落地罩的空间效果，以及夹纱处贴裱的高仿古书画。

建福宫的落地罩偏向于第二种样式，不同的是，隔扇是双层的，中间加上一层丝绢，每套隔扇上留有十到三十个不等的贴画空间，贴上画后可见部分周边的丝绢，简洁美观。

落地罩依柱子安置，分隔空间，且空间之间又相互渗透，再贴上书画作品，观者徜徉其中，赏书观画，有古意趣。

全套落地罩，书柜上的灯箱，各处不同尺寸的推拉门，能够贴裱共计五百五十六幅书画作品。

落地罩与隔扇的设计有以下几个特点：

其一，建福宫整体装修以古色古香的《四库全书》复制本为基调，其书匣是清一色的樟木盒，配以胡桃木书柜，落地罩，以及相应的实木桌椅，再配上古书画作品，有书香古意，观者可细细品味。选择的书画作品，格调与故宫宫殿装饰相符，色彩比古书画原作更鲜亮；既有富丽堂皇一类题材，也有清逸淡远一类题材；

其二，书法和绘画结合，长卷也可根据情况裁开，但建筑整体风格应保持独立并整体统一；

其三，书画题材以故宫藏品为范围。故宫历代书画藏品很多，但大部分可能在相当长时间内无法向公众展出，若能通过此次装修，展示出来，也是很有意义的。

隔扇：多采用两面夹纱的做法，又称"碧纱橱"。隔扇由边挺、抹头组成木框骨架，内安隔心、绦环板、裙板。隔心分内外两层，除夹纱外，或镶嵌玻璃，或刺绣，或绘画、题诗，富于艺术情趣。如今建福宫中的隔扇，在原先夹纱处两面贴裱高仿书画。

静怡轩中的小空间
李玉祥摄

备选书画作品以品格最高的晋唐宋元为主。

这次选择的作品中即有晋王羲之《兰亭序》（唐摹本），《黄庭经》（唐摹本），褚遂良、宋四家、范仲淹、赵孟頫等名家书作；宋代名家李公麟《牧放图》，马远《踏歌图》《十二水图》，佚名《百花图卷》，传宋米友仁《云山墨戏图》等画作。

每一套独立的落地花罩最上层门楣置书法作品，第二层三个隔扇同，下边两层门扇置绘画作品，整体给人一种绘画作品上方有不同题款的效果。整个宫殿几套落地花罩上层所置的贴画尽量用同一长卷高仿品裁开，连成一体。每套门扇尽量采用同类风格或题材的画，或同一位画家的作品。

以延春阁为例，其建筑呈方形，共三层，正中设楼梯，四周一圈柱子承重，落地花罩即以柱子为间架结构组成隔扇。

整体门楣最上方，外面整体陈设明代倪元璐的《舞鹤赋》。里面整体陈设北宋黄庭坚的《诸上座帖》。

延春阁三层半开的隔扇　穆泉摄

　　整体门楣内二层，陈设宋佚名《卢鸿草堂十志图》外加其他两张《重屏会棋图》、《文苑图》，题材比较接近。外二层陈设南宋马远《十二水图》，其中之"晓日烘山"陈设在正东正中，寓意"日出东方"。

　　整体门扇外陈设南宋米友仁《云山墨戏图》。整体门扇内陈设宋赵芾《江山万里图》，环顾四周可连成整幅绘画。

　　外圈南面东西门扇最上方内侧为宋范仲淹《道服赞》。

　　二层门楣外是六幅南宋姜夔的《王大令楷书保母砖题跋》。内六幅陈设宋蔡襄《自书诗》。

　　门扇外十六幅陈设南宋米友仁《潇湘奇观图》，与其《云山墨戏图》风格一致。门扇内十六幅陈设宋佚名《孔子弟子像》卷。

　　楼梯南面门扇：最上方三幅南宋马和之的《后赤壁赋图》。

　　二层陈设有明代姚绶的《古木竹石图》。

　　门扇陈设五代董源《潇湘图》分成上下两层，共12幅，成通景屏。

养心殿斑竹拼贴冰裂纹紫檀透雕折枝梅隔扇

怀芬：贴落

文 / 周项立

传统书画艺术集绘画、书法、印鉴、装裱等多重艺术于一身，深得乾隆皇帝喜爱。

虽然修建改造历经风雨的建福宫空间需要遵循"保持现状、恢复原状"原则，但如今展陈古画原作可能性极小，于是，在建福宫空间中，于室内隔扇、落地罩陈设古书画的高仿画便成为上佳之选。如此，既不失建福宫原本含义，又能展现现代故宫书画典藏，可谓一举双得。

此番建福宫内的高仿书画陈设，精心挑选了 500 余幅古代珍贵原作，以精密的喷绘技术再现，之后全部人工装裱于隔扇、落地罩中，体现出陈设创新、环境协调、层次分明等特点。

陈设方面，静怡轩、延春阁的隔断门门楣、插屏、门扇空间，巧妙地、创新性地将高仿画托裱后贴在窗棂处，"以画为纸"，两者得宜。

高仿画作内容与空间格调、历史渊源一致，重点选择了表现宫廷（苑囿）、帝王生活意趣主题的书画，乾隆的书画题款也得到展示。另外，延春阁一层南面隔扇所采用的南宋佚名《孔子弟子像》卷，从侧面反映出传统书房对于教育"播惠流芳"意义。

贴落画的喷绘技术由北京圣彩虹文化艺术公司提供。该技术全部自主研发，是全数字化高仿真艺术品制作专利技术。此技术曾获八项国家专利（涉及从宣纸上的涂料到涂布方法、从原稿相摄的光栅处理方法到复制过程等工艺流程），能在不同材质上再现真迹原大、原色的效果，制作出的高仿画与原作比，在画面、色调、纹理、印章、装裱，甚至细小的折痕、霉变的斑点都几乎一模一样。

另，赠送给美国总统特朗普、德国总理默克尔、美国前总统奥巴马夫人米歇尔的国礼书画，均采用该技术制成。(许伸礼)

建福宫西侧描金漆花鸟绦环板裙板

温润：灯的故事

文／王东宁

对于建福宫空间而言，以柔和、温暖的光线营造一种温润的氛围，才能显现对中国传统建筑文化的创新理解。

于延春阁中存放《四库全书》的书架中暗藏 LED 灯带，其温暖的光色照亮了书籍，并映射到人们的视野，这不仅暗合皇家书房的空间特性，同时又为整体空间提供了视觉上的亮点。

延春阁楼梯通道是整体空间转换的重要节点，因此，这个部分的照明效果同样值得品味。

与其他宫廷室内空间不同的是，延春阁三层楼梯口上方悬挂水晶吊灯提亮了整个空间，辅之以建筑的原顶部照明，为人们上楼后的视觉环境转化做好铺垫。此外，有趣的是，这件吊灯的来历竟是机缘巧合。

如此，最终实现的是，延春阁、静怡轩空间的丰富层次。

建福宫室内空间改造照明设计由宁之境照明设计公司提供。

宁之境照明：以光线为工具，借助于视觉经验，通过照明设计将光植入空间内外，使之发散出独特的气质。这既是我们的理想，也是我们的实践。

延春阁中的吊灯 夏至摄

有关灯饰的选材

文／赵连江

何谓"机缘巧合"？说的正是延春阁、静怡轩这两处空间中使用的灯具背后发生的一段小故事。

由于建福宫改造工期紧凑，定制灯具并符合现实需求，只能从灯饰城挑选，但要从灯饰城里挑选出符合建福宫气质的灯具是极难的。

于是，有两款灯具最终被选中，而它们最接近建福宫空间色调、气质的部分被保留下来，并且以精致工艺拼接在一起，才形成现在观者所见之"温润"而高贵的灯光效果。

对于建福宫空间而言，以柔和、温暖的光线营造一种温润的氛围，才能显现对中国传统建筑文化的创新理解。

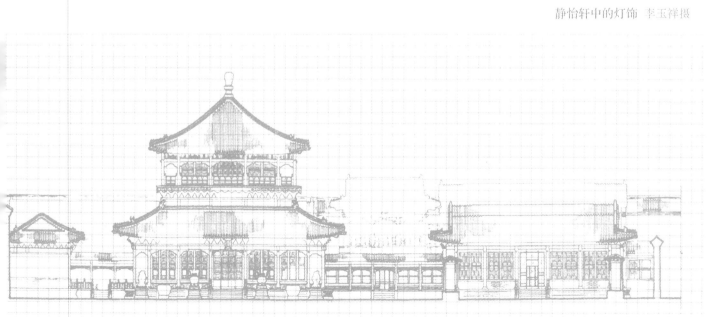

静怡轩中的灯饰　李玉祥摄

揽景：窗帘

文 / 郭嘉铭

　　建福宫花园是有名的紫禁城中皇家园林，大小景致都因地制宜，意味丛生。花园中，延春阁尤具游园赏景的优势。可以想象，在过去，每当黄昏时分，一抹斜晖透过窗棂，斑驳树影、光的痕迹在窗户纸上纵横交错，独有兴味。而如何能通过技术，重现这种揽景的效果呢？以下的想法或能实现设计所求：

　　（1）首先，要尽最大可能保持原建筑风格；

　　（2）其次，改造设计后的建筑仍有保存珍贵文物的功能需求，因此，需要具备对室内物品保护功能。

　　而磁控中空百叶玻璃窗正能满足以上需求。

　　中空百叶玻璃窗有以下几个特点：

　　（1）把遮阳系统内置到了密闭的中空玻璃中，这样能够实现遮阳帘的永久洁净，减少人工；

　　（2）通过专有的磁控系统实现对遮阳帘自由控制，省力且易于维修；

　　（3）遮阳帘处在双层玻璃之间，降低了火灾的潜在隐患；

　　（4）遮阳帘的材质是无纺布。它满足了所选内置材料的遮光性，且与建筑风格相适应，足够轻薄。而最重要的一点是，在夏日高温环境下，不会有由织物染料受热挥发而产生的化学变化。

　　（5）玻璃选配方面，选用夹胶粘合中空玻璃的方式。夹胶玻璃的专业胶片能有效的阻隔紫外线，同时夹胶玻璃有很大的防破坏能力。

　　建福宫所使用的磁控中空百叶窗由郭嘉铭先生团队提供。

积翠：地毯

文 / 张 启

改造后的延春阁、静怡轩空间，地面装饰使用的是天青色地毯，同整体空间的色调一样，取自宋代汝窑名瓷烧制后形成的天青色釉色。众所周知汝窑瓷朴实与高雅兼具，为宋以后历代宫廷内府珍藏，代表了皇家的至高审美。

透过地毯，可以看到，地毯的天青色在装配《四库全书》的书架之下，如水墨相调，独具意味。如此表现，意在将传统文化注入建福宫空间改造设计中，其中显现出的高贵与典雅，不仅同传统意义上的建福宫完美匹配，更是如今所倡导的文化创新的。宫

延春阁、静怡轩的地毯是由"毯言织造"现代地毯设计公司承制。"毯言织造"一直致力于中国传统手工织毯工艺的恢复与传承，根植于丰厚的中国文化传统，联合众多知名中国艺术家，创造出了独具中国意蕴的艺术地毯原创设计系列。

延春阁中的地毯 穆泉摄

高云共此心——艺术家眼中的建福宫新空间

文／徐累、金运昌、曾小俊、刘丹

建福宫里"水中天"

文／徐累

2017 年 3 月 8 日，我接到故宫博物院常务副院长王亚民先生邀约，在这里的指定位置，专门创作一幅大作品，以新颜补旧壁，同时受到邀请的还有当代杰出画家刘丹先生和曾小俊先生等。以我们对故宫的深厚感情，都觉得这是一次重托。

故宫博物院的领导有远见卓识，厚古不薄今，在此之前已经邀请了徐冰、隋建国等艺术家，为故宫一些场馆特制作品，以当代之音唱和古典艺术的黄钟大吕。几天后，王亚民先生亲自带我察看现场，他告诉我，未来建福宫将重点陈设蔚为大观的《四库全书》，内装主色彩调配成雅致的天青色，既幽远，又安逸。

宋 佚名 《江山秋色图》
绢本设色
纵 55.6 厘米 横 323.2 厘米
故宫博物院藏

当了解到建福宫未来的样貌和功能，我已经决定了创作什么样的作品陈列在此是合适的。我近期的创作中有一个"气与骨"系列，以"山水"作为载体，反映我所理解的天与地。"山水"本来就是中国传统艺术一大母题，尤其宋元以后，从名作到大家，大多以"山水画"为至境，从而形成一条源远流长的脉络，至今不衰。传统山水画有它自身的金科玉律，比如呈现模式的"平远、高远、深远"，万变不离其宗。即便如此，我以为今人还得有今天的观点，如果沿着过去"山水画"的老路亦步亦趋，能赶上趄就已经不容易，更不用说什么超越了。无论任何时期，艺术的根本在于其命惟新，这就是所谓"时代性"的意义。这不仅是一种要求，而且应该是艺术家的一种志气。

"气与骨"系列提供了一种新的视觉经验，山水之间，以剖面示人：水下是一个世界，水上是另一个世界，如同昼夜平分。这种视觉经验，完全得益于现代科学技术，这对古人来说，是难以想象的。虽然结构上如此，但并没有违背传统山水画的要旨，即通常所说的"天人合一"。以中国文化"一元论"的思想，即便上下分属不同的物理状态，也不应该分而治之，而是相互之间，仍然暗渡关山，当属一个整体。

我在处理上下氤氲时，明确了它们的不同属性：水下写真法，隐喻更为真实的世界，湍急、深邃而危险，就像海明威在文学上的"冰山"理论。当山体升入澄明，天清气朗，混沌顿失，不过，它的真实感却发生反转，理应明晰的部分，不再是一个"真实"的世界，换作一个"文本"的世界——范宽、倪瓒、董其昌，那些熟知的经典样式再次被唤醒，复归于艺术史的系列中。这种反转，实际上强调了中国传统山水画的共通性，即绘画不是"自然"，而是"第二自然"，它是被画家想象、归纳、用笔墨重新演绎出来的一种创制，与真实世界相涉，但超出一般性的真实世界，或者说，是一个"形而上"的世界。

为建福宫创作的作品，仍然遵从如上理念。在山石处理上，我特意参照了传北宋画家赵伯驹《江山秋色图》的部分结构。这件旷世杰作也是故宫博物院的藏品，从绘画性本身看，与名气更大的《千里江山图》异曲同工。在我看来，《江山秋色图》更胜一筹，其"天元重叠，气象参差，山洞崇幽，风烟迅远"，恰好能够表现出我对江山气概的美好表达。我特别在清澈的水底，将隐匿的山石有意留出虚空的部分，其态势与水面的山体产生上下同构，有视觉上的"拓扑"效应，使画面又多出些许复杂的层次，有如音乐中的"赋格曲"，在"虚"与"实"之间追逐并回响。

水中天 徐累画作 陈设于延春阁 一层

　　此作品最终命名为《水中天》，宽260厘米，高177厘米，深情的蓝色，与建福宫新饰的天青主调相得益彰。在曾遭火患的建福宫，以"水"的主题相克，其实也有一种永保太平的祈愿。作品如期完成并挂壁后不久，"千里江山——历代青绿山水特展"在故宫午楼举办，世人热观，《江山秋色图》作为第二期领衔名作为人所叹服。无论是不是巧合，在同一个时间，同一个地方，以《水中天》遥对《江山秋色图》，既代表着"以古为师"的千年约定，同时也代表我近在眼前的一种致敬的心情吧。

清 乾隆御制诗一首

座有瑶琴架有书
清秋重此坐清舒
禽鱼总是忘机侣
山水真成缮性居
绿润铺林延爽细
红芳恋沼送香徐
题诗四壁饶何事
今昔分明静校馀

金运昌

　　这是乾隆皇帝为清舒山馆（避暑山庄的一处院落）题
的一首七律，我在整理"贴落"时随手抄下。这首诗对仗
工整，其中，"座有瑶琴架有书"的描写与新布置的延春
阁环境（以"四库全书"为主题）很是呼应。

座有瑶琴架有書清秋重
此坐清舒禽魚總是忘機
侶山水真成繕性居絲潤
鋪林延奕細紅芳戀沼逍
畫徐題詩四壁饒何事今
昔分明静校餘

清高宗御製七律一首
金運昌于燕業城

乾隆御制诗一首　金运昌书　陈设于延春阁一层

故宫御花园连理树

曾小俊

　　我欣赏古代文人的精神世界，但我更喜欢北宗那种和大自然的真实对话，用一两年时间，画成一幅大山水画的严谨态度。最近我的画作树的系列都是试图从自然、从微观的角度探索与交流。

　　过去认为中国传统不重视色彩，但其实，中国水墨绘画重视的是大自然的力量与结构，人与自然的关系。情感并非被绚烂的色彩迷惑，都表现在一棵树、一块石头的线条上，如倪瓒的《六君子图》，树与石并非像西方风景画中的点缀物，每一棵树、每一块石头的线条都是个人情感的集中表达。水墨画是追求心灵与自然一致的象征性表达，这种精神上的传承是永恒的。

（引自《当代水墨的玩物志》）

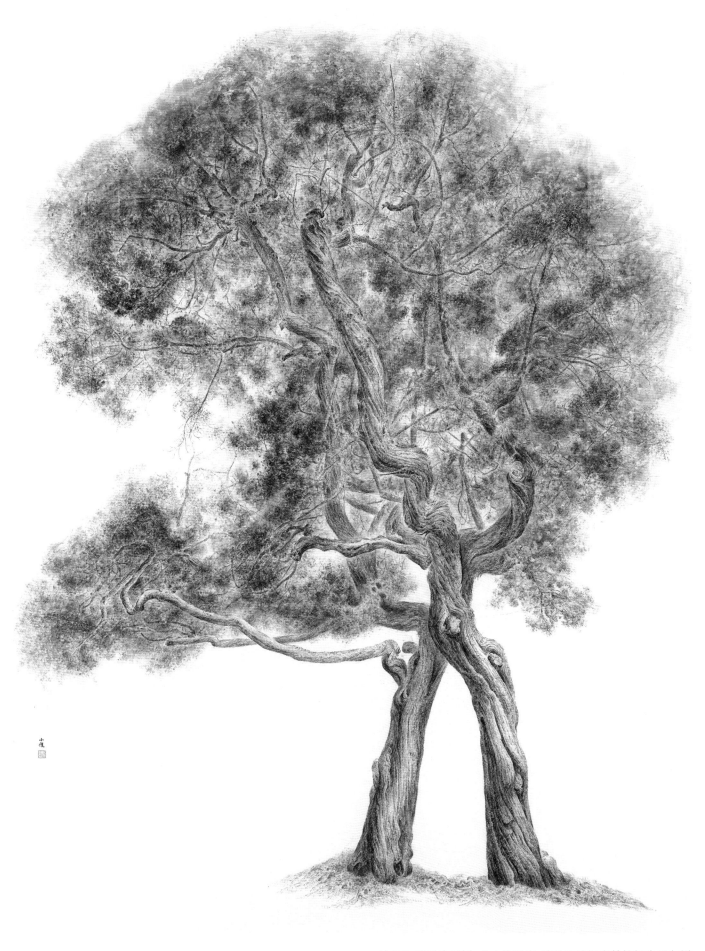

故宫御花园连理树 曾小俊画作 陈设于建福宫静怡轩内间东侧

灵菌叠雪 刘丹画作 陈设于建福宫静怡轩内间西侧

宁寿宫花园符望阁东侧的赏石

刘丹

　　我所传续的不是传统的艺术，而是艺术的传统，是站在文脉之上与古人对话，用一种在当代语境下更有力的表达方式。

　　中国人的山水诗，是"采菊东篱下，悠然见南山"。我和南山同时出现，南山是我的知己，我的朋友。中国人的自然观不像西方人，要么我控制自然，要么我被自然控制。中国人和自然是和谐的关系，我在采菊的状态里，南山作为知己向我呈现，两者都是主体。

（引自《宫·帝王的花园》）

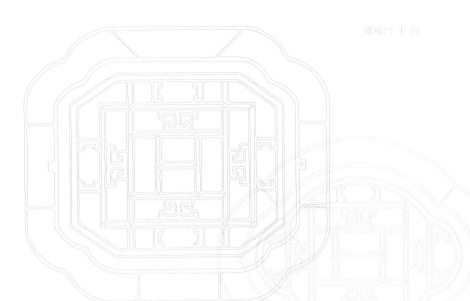

图书在版编目 (CIP) 数据

宫·皇帝的书房 / 空间与陈设编辑室编 . --

北京: 故宫出版社 , 2018.1（国人的设计美学）(2021.1 重印)

ISBN 978-7-5134-1076-2

Ⅰ . ①宫… Ⅱ . ①空… Ⅲ . ①宫殿 – 书房 – 室内布置 – 中国 – 古代 Ⅳ . ① TU241.045

中国版本图书馆 CIP 数据核字 (2017) 第 303775 号

《宫 · 皇帝的书房》

主　　　编：王亚民

执 行 主 编：宋小军

副 　主 　编：梁 　爽

专 题 编 辑：刘 　玄 　黄世琰 　孙刚辉

新 媒 体 编 辑：刘 　玄

视 频 编 辑：陈 　伟

流 程 编 辑：陈 　伟

英 文 翻 译：逄 　芮

设 　　 　计：北京知凡文化艺术有限公司

扉 页 题 字：徐 　冰

空间与陈设编辑室出品

电 话：010 - 65214118
Email：SCFFCP@126.com

故宫文物图片由故宫博物院资料信息部提供

责 任 编 辑：刘 　玄 　黄世琰 　孙刚辉

责 任 印 制：马静波 　常晓辉

出 版 发 行：故宫出版社

　　　　　　地址：北京市东城区景山前街 4 号　　　邮编：100009　　　　邮箱：ggcb@culturefc.cn

　　　　　　电话：010 - 85007808　85007816　　　网址：www.culturefc.cn

印 　刷：北京雅昌艺术印刷有限公司

开 　本：889 毫米 ×1194 毫米 　1 / 16　　印 张：10.625　　　字 数：50 千字

版 　次：2018 年 1 月第 1 版　　2021 年 1 月第 3 次印刷　　印 数：10001 ～ 13000 册

书 　号：ISBN 978-7-5134-1076-2

定 　价：66.00 元